U0212711

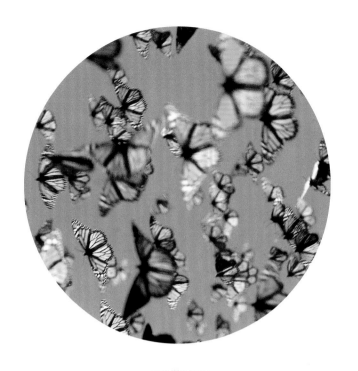

生命

非 常 的 世 界

Life: Extraordinary Animals, Extreme Behaviour

LIFE: EXTRAORDINARY ANIMALS, EXTREME BEHAVIOUR
by MARTHA HOLMES AND MICHAEL GUNTON, RUPERT
BARRINGTON, ADAM CHAPMAN.
Copyright: © 2009 BY RUPERT BARRINGTON, ADAM CHAPMAN,
MICHEAL GUNTON, MARTHA HOLMES, TED OAKES AND
PATRICK MORRIS.
This edition arranged with Ebury Publishing
through Big Apple Agency, Inc., Labuan, Malaysia.
Simplified Chinese edition copyright:
2017 ChaohuJingfeng Media Co., Ltd
All rights reserved.

版贸核渝字（2016）第170号

图书在版编目（CIP）数据

生命：非常的世界 / （英）玛莎·福尔摩斯（Martha Holmes），（英）
迈克尔·高顿（Michael Gunton）著；丛言，胡娴娟，陈瑶译. ——
重庆：重庆出版社，2017.4（2019.7重印）
书名原文：Life: Extraordinary Animals, Extreme Behaviour
ISBN 978-7-229-11845-7

Ⅰ. ①生… Ⅱ. ①玛… ②迈… ③丛… ④胡… ⑤陈…
Ⅲ. ①生物－普及读物 Ⅳ. ①Q1-49

中国版本图书馆 CIP 数据核字 (2016) 第 289425 号

生命：非常的世界

［英］玛莎·福尔摩斯　迈克尔·高顿　著

丛言　胡娴娟　陈瑶　译

策　　划　　华章同人

出版监制　伍　志　徐宪江

责任编辑　于　然　张慧哲

营销编辑　穆　爽　张　宁

责任印制　杨　宁

重庆出版集团
重庆出版社　出版

（重庆南滨路 162 号 1 幢）
北京汇瑞嘉合文化发展有限公司　印刷
重庆出版集团图书发行公司　发行
邮购电话：010-85869375/76/77 转 810
投稿邮箱：bjhztr@vip.163.com
全国新华书店经销

开本：889mm×1194mm　1/16　印张：14.5 字数：331 千
2017 年 4 月第 1 版　　2019 年 7 月第 6 次印刷
定价：99.00 元

如有印装质量问题，请致电023-61520678

版权所有，侵权必究

BBC 科普三部曲

生 命
非 常 的 世 界
LIFE
EXTRAORDINARY ANIMALS, EXTREME BEHAVIOUR

〔英〕玛莎·福尔摩斯 (Martha Holmes)
迈克尔·高顿 (Michael Gunton)   著

丛言　胡娴娟　陈瑶　　　　译

目 录
CONTENTS

序言

BBC 的生命科学系列以及《生命》这本书，主要描述了神奇的动植物为了生存繁衍以及如何将自己的基因传给下一代所做出的各种行为。

每天，动植物都面临着各种巨大的挑战——天敌和竞争者的捕杀以及生存环境中面临的种种考验。对大多数动物来说，能够活着看到第二天的晨曦已实属不易。即使如此，它们仍需繁衍后代。这就意味着它们可能会面临各种严峻的生存竞争——为了吸引配偶而花尽心思或是为赢得配偶而与竞争对手决斗。我们在《生命》一书中所讲述的一系列扣人心弦的故事，内容就是关于不同的生物为了战胜这些生存的挑战所做出的各种努力。

当然，地球上的生物有数百万种之多，《生命》一书所讲到的只是沧海一粟。我们无法用一本书囊括整个生物界。因为书中没有提及那些很小的、肉眼看不到的或是不太有趣的生物，而选择了一些最能代表生物多样性和复杂性的物种，并以最简单的方式归

下图：栖息在南极洲南桑威奇群岛蓝色冰块上的颊带企鹅。颊带企鹅是一种典型的通过调节自身来适应极地生存条件的鸟类。

前页：在冰块上休息的食蟹海豹。所有海豹中数量最多的就是食蟹海豹。

｜ 上图：一只年幼的日本猕猴在日本的汤池中取暖——这是一种抵御极端严寒的好方法。

类，如昆虫类、鸟类、爬行类，等等。世界各地的科学家及工作者耗费数年研究及实地拍摄才完成了本书。在本书中，我们有幸能够看到一系列令人叹为观止的景象——黑帽悬猴用勉强能举起的巨石砸开棕榈坚果，科莫多巨蜥跟踪猎物数周，两只巨大的甲壳虫在树顶搏斗，上百万只蜘蛛蟹聚集在一起脱壳。

地球是目前已知唯一有生命存在的星球，而地球上繁多的生物种类又是经过 30 多亿年的历史才进化而来的。现今生存的千百万种生物都有着共同的、以最简单的生命形式存在的祖先，即围绕在化学混合物之中的碳化合物。这些原始的化合物有着自我繁衍的能力，最初的生命就此诞生。

经过数亿年的进化，这些原始的有机化合物结构变得越来越复杂，在演变成产生蛋白质的化合物后，最终形成了最简单的单细胞生物有机体。紧接着，多种不同的单细胞生物组合到一起形成多细胞生物。后来，一些最适合环境的多细胞生物经过漫长的优胜劣汰生存了下来，那些不太适应环境的多细胞生物则被淘汰并消失了，这就是自然选择的开端。

生命体的形式也变得越来越复杂，它们长出了简单的内脏、肌肉纤维和神经系统。接着出现了有性繁殖这一生物学上的重大飞跃。繁殖已经不单单是生物体自身的克隆，而是不同个体结合而产生出新的特性，这极大地丰富了生物的多样性，同时也会

产生新的物种。

越来越多的新物种不断进化，也有了新的栖息地，如此周而复始，各种生物在新环境下又开始了新的适应过程。同时，进行着自然选择，即在进化的过程中很多物种因为无法适应不断变化的严酷环境而灭绝，而生存下来的物种则不断地进化着。因此，至今地球上所拥有生物的种类令人惊叹。

没有人知道现今到底有多少种生物，据估计有四百万到一亿种。这么多生物有着共同的特点——求生和繁衍。这也是《生命》一书中的永恒话题。

玛莎·福尔摩斯和迈克尔·高顿

左图：从海洋游到德拉华弯产卵的鲎。和四亿多年前相比，这些海洋生物几乎没有发生什么变化，这也说明有些古老的生活习性是适合生存的。

生物分布地图
——《生命》系列的拍摄地

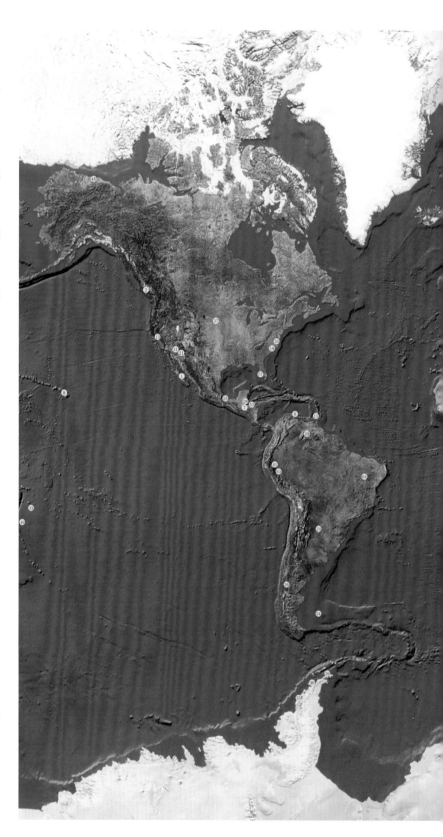

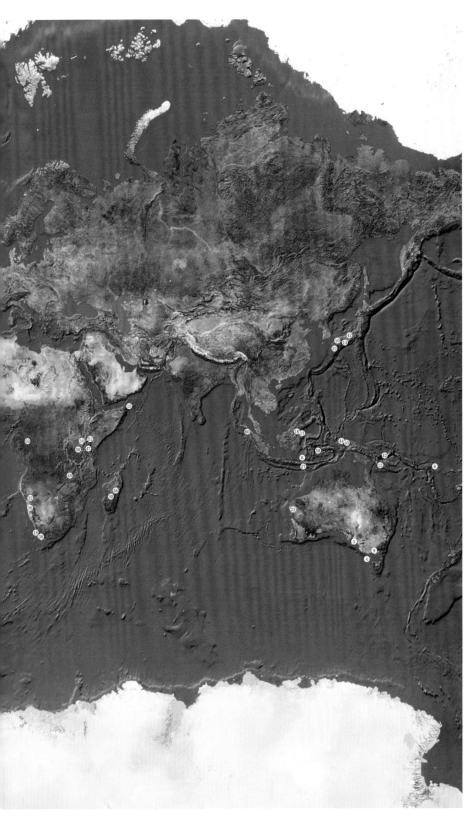

第一章

神奇的海洋生物

温暖的海水富含营养物质，它孕育了地球上最原始的生命形态。正是这些海洋生物，在漫长的三十亿年中，逐渐进化成现存的种类繁多的动植物。所有生命体都含有水分，而地球适宜生存的一项显著特征就是其表面覆盖着大面积的水体。具体来说，地球表面的百分之七十被海水覆盖着。

无脊椎动物——顾名思义，这类动物没有脊椎，是所有海洋生物中种类最为繁多、数量最为庞大的一类。它们大小不同，形状各异，包括下述几类。海绵动物，实为水生多细胞动物；腔肠动物，包括海葵、珊瑚和水母，身体均呈辐射状对称；栉水母动物，其体外具有摆动纤毛；所有两侧对称的蠕虫类动物，包括扁形虫、纽形动物、线虫和环节动物；软体动物，如蛇、蚌、章鱼等，而且这是一个有着更多物种的类群；号称"海

左图：采用过滤式进食、桶状的海鞘，也可称其为被囊动物，附着在珊瑚上。虽然它们是附着不动的，但它们的幼虫和其他海洋无脊椎动物一样，可以四处游荡。

下页：夜间海草上的海蛇尾。它没有头部，没有心脏，却是一个捕食者。它用腕下吸盘状的管足行走，一旦被抓住，可断掉一条腕，之后会长出新腕。

前页：海葵顶部口盘的细节特写，葡萄状的囊泡含有刺状细胞。

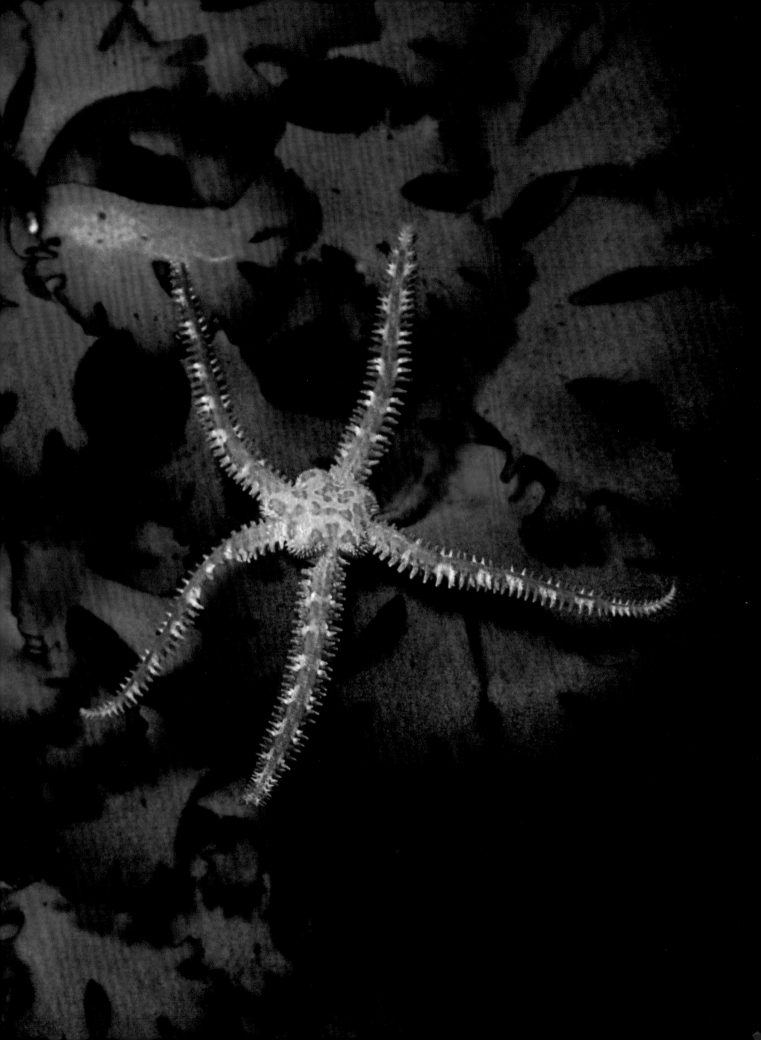

洋中的昆虫"的节肢动物，例如藤壶、虾、海螯虾、螃蟹等；棘皮动物，包括海星、海胆、海蛇尾、海参及其他一些小种群动物。

　　海洋之所以能够孕育如此多的生物，是因为海洋比陆地更易于生存。比方说，墨鱼在很大程度上是由海水支撑着游动的，而同样条件下的陆地动物则需要花费大量精力来维持生存。海底生物的生活空间大概是陆生动物的 250 倍，但它们中的大多数都集中生活在有太阳光照的 200 米水深处。海底生物也不是均匀地分布在这个相对较浅的区域，而是多数生活在距离陆地较近的地方或大陆架上。

　　充足的阳光和基质使海洋生物群落极为丰富。海洋植物需要阳光才能生长，而硬岩石基质则为它们提供生活的场所。围绕在这些海洋植物周围，在热带、

上图：一只在紫色海胆和刺状海蛇尾旁边的裸鳃亚目动物——海柠檬，或者经海兔，它那极具伪装性的颜色来源于所食用的黄色海绵，但它得名于自身所散发出的具有防御性的柠檬气味。

下页：加利福尼亚大螯虾白天聚集在隐匿处，触须探露在外。两侧是紫色的加利福尼亚水螅珊瑚，这是一种水螅类动物，长有像真珊瑚一样的岩质躯干。

温带和某些极地海洋中，复杂的生态系统相应而生。就海洋中的无脊椎动物而言，它们所面临的挑战还会随着地点甚至季节的变换而改变。海水的盐度影响海洋生物的新陈代谢，所以要保持水盐比例恒定不变，但是在大海入海口，这种比例会因为潮汐或洪水的影响而变化不定。同时，温度也会影响海洋生物的新陈代谢。化学反应在较温暖的水中速度会变快，在较冷的水中则会变慢。因此，极地物种体内形成了在极地

低温条件下维持新陈代谢极为有效的特殊的酶。

很显然，不是所有物种或种群都能作为栖息地的代表。也有一些地方可以维持几乎所有典型物种的生命，而且物种的多样性简直令人难以置信。珊瑚礁种类繁多，是因为它们生长的环境中两种必要因素——温度和阳光都非常充分。第三种因素，即水性营养素虽然短缺，但是珊瑚礁已逐渐发展成为一个动植物群落，这样的群落可以弥补这一不足。整个过程从甲藻生活在珊瑚中开始，甲藻为珊瑚提供食物，并产生维持珊瑚虫生长的碳酸钙。珊瑚反过来为甲藻提供氮和磷以及安全的生长场所。珊瑚的分泌物成为甲藻的养分，而甲藻在光合作用下产生糖分，糖分又被重新吸收回珊瑚体内。当珊瑚消耗糖分的时候，它又会释放出养分，养分又重新吸收回甲藻体内，如此循环。

海绵、海鞘和蚌类等与单细胞生物有着共生关系的无脊椎动物也通过上述方式循环利用营养物质。鱼类以珊瑚礁分泌的氮、磷和其他营养元素为食，这些营养元素也被植物吸收。栖息在珊瑚中的鱼类又将营养物质输入到珊瑚的生态系统中。

温带海岸近海地区的无脊椎动物则表现出很大不同。这里有可供植物依附的稳固基底，仅在夏天才有足够强烈的阳光供植物生长。到了冬天，强烈的暴风雨会不断地翻搅海底的营养物质。因此，这里的生态系统会随着季节变化而达到高潮和低谷。同时，该区域的无脊椎动物与热带地区的同类动物相比体形较大。比如，生长在温带水域中的太平洋巨型章鱼体长可达 7 米。

极地区域的季节性波动则更为极端。在一年中的大多数时间里，动物们都生活在完全的黑暗中，生长也处于停滞状态。当太阳重新出现，海洋冰层开始融化的时候，植物（浮游植物和藻类）会在最大程度上利用阳光，释放出供成长和繁殖所需要的养分。因此，浮游生物开始大量繁殖，海底的无脊椎动物以这些浮游植物为主要食物。冰冷的海水使它们新陈代谢和生长速度变慢，但是这些动物的寿命却变得较长，而且和生长在温暖海水中的同类相比，体形要更大些。

和极地海洋条件较为相似的深海中也有体格巨大的动物，这里也是鲜有阳光，且极度寒冷。我们对这种环境的情况知之甚少，只能从长期生活在其间的、偶尔游至浅海的动物那儿得到一些信息。比如一种大型的、极具攻击性的深海中生存的洪堡鱿鱼，它们会在夜间游到海面捕食。

本章讲述的是洪堡鱿鱼和其他一些无脊椎动物的故事。这些故事展现了它们惊人的适应不同海洋环境的能力。同时，它们也代表着整个种群：在地球上所有已知的物种当中，97% 是无脊椎动物，它们大多数

上图：洪堡鱿鱼互相搏斗。失败者会被吃掉。这些动作迅速的捕食者夜间视力极好，可达两米远。

要么生活在海洋中，要么是海洋生物的后代。

马不停蹄的捕食生活

夜晚时分，随意地在科特斯海上转一圈，你就能看到许多灯光，那是从准备夜间捕捉深海鱿鱼的船只上发出来的。要捕捉的深海鱿鱼因其具有发光的红皮外膜，且常攀附在船只底部攻击渔民，而被当地人称为"角龙"、"红色魔鬼"或"巨型飞乌贼"。又因其最初在洪堡寒流（即秘鲁寒流）中被人们发现，所以也被称为洪堡鱿鱼。

洪堡鱿鱼的寿命一般为1~4年。其生命虽短暂，体长却能达到2米，体重约达90斤，且生长速度相当快。白天，洪堡鱿鱼活跃在200~700米的深水处，即便在这种缺氧的环境中，它们仍能保持活跃的生存状态，而这也是人们至今无法解释的现象之一。到了晚上，洪堡鱿鱼习惯成群游到水面猎食，最多时数量

高达1200只。它们视力极好，多以灯笼鱼、沙丁鱼为食，同类相食的事情也时有发生——洪堡鱿鱼如果被渔线钩住，则会被附近的同类吞食。曾有人做过研究和分析，发现四分之一的洪堡鱿鱼胃内含有其他洪堡鱿鱼的残体。

洪堡鱿鱼是捕食能手，动作神速，时速可达24千米每小时。它的每条触手上有大量吸盘，吸盘边沿布满尖锐的微型钩状物，它捕食时先用两条触手抓住猎物，然后用刀片般锋利的喙状嘴反复咬食猎物。体积稍小的鱼类可被其一口吞下，而体积稍大些的则直接被撕成肉片。

科学家们认为，洪堡鱿鱼是采取群体合作的方式来捕杀食物的。正如在《生命》中所拍摄的那样，它们把成群的沙丁鱼驱赶到礁石上或空间狭小的洞中，然后开始捕杀。即便如此，也不能说洪堡鱿鱼是群居的。洪堡鱿鱼凭借皮肤细胞中的色素体，可快速将深红色的皮肤变为白色。也有人见过洪堡鱿鱼在捕食的时候，身体会发光，这是一种复杂的交际信号。洪堡鱿鱼集体捕猎时身体会持续地发出红光，但是没有人知道这是因捕食所带来的兴奋所致，还是一种为了捕捉鱼群而用于和同伴交流的手段。

洪堡鱿鱼虽说是捕食能手，但它们也是枪鱼、箭鱼、海豹和抹香鲸的食物。如今，科特斯海出现了越来越多的抹香鲸，这足以证明此处洪堡鱿鱼的大量存在。也有科学家认为，这是过度捕捞金枪鱼、枪鱼、箭鱼、刺鲅和鲨鱼的后果。很显然，当寿命长、生长慢的鱼类从食物链中退出后，生长周期短、快速成长的物种会取而代之，比如鱿鱼。雄性洪堡鱿鱼可在十个月内性成熟，雌性的鱿鱼则需要一年。然而，雌性鱿鱼可在其短暂的生命中产下数以百万计的卵，所以，即便是过度捕捞，洪堡鱿鱼也可以比其他物种更快地恢复其庞大的数量。

近年来，洪堡鱿鱼的活动范围从以前的加利福尼

上图：一只雌性太平洋巨型章鱼在它的巢穴中保护着它产下的卵。这些卵需要持续的照顾以确保得到充足的氧气，并保证其他生物不会生长在它们身上。

前页：体积比人还大的太平洋巨型章鱼。刚从卵中孵化出来的这种章鱼，只有米粒大小。但是吸收北太平洋沿岸海域的充足养分后，三年之内就会变得体形巨大。

亚到如今的英属哥伦比亚，有越来越向北部发展的趋势。有人认为，洪堡鱿鱼活动范围扩展的原因是海水水温的升高和海里鱼类的急剧减少等。同时，这也体现出了洪堡鱿鱼寿命短、生长快、繁殖快的生活习性的优点。

巨大的牺牲

在寒冷而又黑暗的北太平洋海水中，一些红棕色的物体正在游动，那是世界上最大的章鱼。这种动物的外套膜，可伴随着呼吸自由收缩——它们把水吸入腮中，然后通过虹管吐出。如果遇袭，这种巨型章鱼就这样喷水并迅速后退。对于雌章鱼而言，它的任务就是专心照顾产下的卵，并在长达几个月的时间里不

进食，因此，它们的寿命很短。

太平洋巨型章鱼可以生活在北太平洋沿岸水深达750米的地方，北从加利福尼亚阿拉斯加，南从阿留申群岛到日本。雄性章鱼比雌性章鱼的体形要大，体重可达40千克（有记载最重的章鱼达182千克）。在所有的章鱼中，太平洋巨型章鱼被认为是最长寿的（近期的研究发现，深海蓝色章鱼可能会打破这一纪录）。即使长寿，它们的寿命也只有三到五年。因此，为了在死亡之前能够繁育下一代，它们必须快速成长起来。

雌章鱼性成熟后会释放出一种化学物质来吸引雄性。如果两只雄章鱼同时被吸引的话，它们需要通过斗争来获得交配的机会。雄章鱼由于其释放出来的引诱物质会使它免受雄章鱼的袭击和残杀，这是明智的预防措施，因为同类残杀的事情时有发生。一旦雌章鱼向某只雄章鱼发出交配信息，雄章鱼就会将它的右侧第三只触手伸进雌章鱼的输卵管并排出精子。这意味着，此后，雌章鱼的生命只剩下数月之久了。

雌章鱼的下一个任务就是寻找一个巢穴。如果是岩石下方15米左右，并带有一个开口处的地方，那是再好不过了。雌章鱼钻进巢穴，舒展触手并用触手堆砌一些附近的石头，以挡住开口处。然后，它会游至巢穴的顶部，开始产卵，一次只产一枚卵，使每一枚卵通过它产道时受精。它会用唾液和嘴边的小吸盘，将大约200枚卵编成一串并把它们粘在巢穴顶部。在三周内，它需要按照这样的方法把两万至十万枚卵编成串。

在接下来的六到七个月里，雌章鱼开始照料产下的卵，以免细菌、海藻和其他诸如水螅虫之类的生物生长在它们上面。同时，还要使卵间的海水流动以保证氧气足够供应。幼卵会轻微移动，还可以看到它们又大又黑的眼睛。雌章鱼不能外出觅食，因为一旦离

开，这些卵就会成为海星、蟹类、鱼群等的腹中之物。如此一来，雌章鱼在数月之内都处于饥饿状态。到了某个夜晚，卵开始裂开，雌章鱼为它们喷水，帮助它们孵化。趁着其他鱼类睡眠的时候，刚孵化出来的小章鱼可以游至水面。直到所有的小章鱼都孵化完毕，雌章鱼才离开巢穴，生命也走向终结。它为抚育后代做出了巨大的牺牲。

小章鱼和浮游生物一起游到水面，以浮游生物的幼虫和其他比它们小的动物为食。由于它们只有 6 毫米长，极其脆弱，所以它们的存活率不到百分之一。但是到了 4~12 周的时候，存活下来的小章鱼长到 14 毫米，它们就会沉到海底，在那儿开始自己的生活。鱼类、海豹、海獭和抹香鲸都会威胁到它们的生命。存活下来的章鱼需要三年时间才能成年，然后开始新一轮的生命周期。

伪装和引诱的艺术

在澳大利亚的南部海域生长着世界上最大的墨鱼。和所有软体动物（墨鱼、鱿鱼和章鱼等）一样，这些体格巨大的澳大利亚墨鱼虽然只能活一至两年，但体长却能达 1.5 米，体重更是重达 13 千克。如此快速的生长速度意味着需要消耗巨大的能量，所以这些墨鱼大多数时间都处于静止的状态以保存能量用于生长，而它们可以保持静止而不被打扰的秘密就在于伪装的艺术。

伪装在澳大利亚墨鱼寻找猎物和躲避捕食者时都非常有效。墨鱼的视力非常好，无论在白天还是黑夜，

| 下图：雄墨鱼在交配场所争斗，互相刺探对方的体积大小。雌墨鱼在中间。

它都能够准确判断出自己处于何种环境中，并知道该如何与环境融为一体。然后，它在夜间捕食者那儿却变得束手无策，比如真鲷和海鲈。白天的时候，如果有海豚在墨鱼上方游过，墨鱼便马上沉到海底并用色素体（各种色素填充在内的弹性细胞）迅速改变身体的颜色来伪装自己。

澳大利亚墨鱼一般有三种颜色伪装术。"均匀术"较少被用到，这是一种将颜色均匀分布在躯体上的方法。"杂色术"是将斑点状的浅色和深色混合搭配，以达到和背景的斑点大小及形状匹配的目的。"分裂术"采用各种大片的深色和浅色，专为墨鱼所处的背景量身定做，达到隐藏其外形的目的。为取得完整的效果，这种伪装术经常和"杂色术"一起搭配使用。墨鱼还可以瞬间改变皮肤的外观，使皮肤上产生乳头状突起以增加坑坑洼洼的效果，或将它们缩回使皮肤光滑平整。

澳大利亚墨鱼属于独居动物。到了冬天，成千上万的墨鱼游回到怀阿拉附近的浅海中，会上演一出可潜水观赏的交配大戏。墨鱼交配一般在五月，到六月的上旬达到高峰，到八月末逐渐结束。雌雄墨鱼的数量比例约为1：4，所以雄墨鱼之间的竞争非常激烈。体格较大的雄性墨鱼不用战斗便能占有雌性墨鱼伴侣。而体格大小相近的雄性墨鱼则需要尽力伸出触手，刺探对方的实力。此时，墨鱼全身依次呈现出独特的斑纹图案。如果体格较小的雄性墨鱼不肯离开，较大的雄性墨鱼便会狂舞第四只触手作为警告。这样还不奏效的话，大墨鱼就会一把抓住较小的，通常这样它才会乖乖投降。

雄性墨鱼为俘获雌性墨鱼的芳心所进行的炫耀展示时间较为短暂。它会在身体侧面的某一处呈现出一种微妙的类似斑纹状的图案。如果这种炫耀失败的话，雌性墨鱼会游走甚至可能会咬雄性墨鱼。如果成功的话，雄性墨鱼会用虹管喷水来清洗雌性

上图：一只雄性墨鱼发出激情之光。它一边抓住雌墨鱼，一边用它的第四只触手将精子放在雌性墨鱼嘴部下方的囊托里。

上页：一只雄墨鱼（中间位置）与其他雄墨鱼（上方）争斗，以保护雌墨鱼（下方）。双方斗争期间，很有可能被别的雄墨鱼乘虚而入，与雌墨鱼进行交配。

墨鱼的嘴部周围部位，大概是为了将此前和它交配过的雄性墨鱼所留下的精液冲洗干净。交配采用头对头的方式，雄性墨鱼用它的第四只触手将精子放在雌性墨鱼嘴部下方的囊托里。同时，它也要竭尽全力保护雌性墨鱼，以防受到其他雄性墨鱼的侵扰。即便雄墨鱼如此费尽心力地保护雌墨鱼，它们的努力也是徒劳的，因为在正式产卵之前，雌墨鱼一般要和多只雄性墨鱼进行交配。出人意料的是，雌墨鱼并不根据雄墨鱼的体形大小来决定是否与之交配。这在某种程度上暗示了和体形较大的墨鱼交配也并没有什么特别的地方。

事实上，有这么一类雄墨鱼，即使在体形上很不占优势，却可以成功地和雌墨鱼进行交配。这种墨鱼会悄悄潜到被雄墨鱼保护的雌墨鱼身旁，在雄墨鱼和其他对手作战时，它便乘虚而入，与雌墨鱼进行交配。它们也会躲到雌墨鱼快要产卵时所在的

岩石或暗礁底下，或者在雌墨鱼寻找洞穴时，偷偷地与之交配。但是，最迂回的战略要数它们的变装术。这类墨鱼常采用与雌墨鱼极为相似的天然色斑点，将第四只触手收起，甚至将触手往前伸，模仿雌墨鱼产卵的姿势，这样，它们就可以接近雌墨鱼，而丝毫不被察觉。这些战术多半都不能成功，因为雌性墨鱼会拒绝交配。

一只雌墨鱼一次只产一枚卵，一天内大概能产四十枚左右。这些卵在它体内受精，发育，顺着漏斗管产出，沿触手而下，黏着在岩石、暗礁底下，或藏在洞中躲避鱼类等敌害。由于海胆会吃掉很大部分的墨鱼鱼卵，所以澳洲大墨鱼和其他墨鱼不太一样，它们产卵后不会立即死亡，而是继续和雄墨鱼进行交配，以产下更多的卵。墨鱼卵的孵化大约需要三到五个月的时间，在温暖的水中会生长得相对快些。到了九月，这些卵就会孵化成一厘米长的小墨鱼，并沉入海底隐藏起来。至些，大墨鱼才消失不见。没有人知道它们是否仍活着，是否会继续繁殖，或者像其他墨鱼一样渐渐消失，然后死亡。

群体脱壳和交配

1801 年至 1803 年，博物学家弗朗索瓦·佩龙环游澳大利亚，共采集大约 10 万种物种标本，而这也成为澳大利亚历史上意义最为重大的一次自然物种采集。在远离塔斯马尼亚岛时，他曾记录道："蜘蛛蟹，喜生活于泥质海底，大量密布于海床上。"即使是在今天，在晚秋或者初冬时节，海床上也聚集着大量的澳大利亚蜘蛛蟹。

这些物种并不为人所知。在约 800 米深的沙质或泥质海底，蜘蛛蟹用钳螯抓取海底的微型生物或者藻类为食。蜘蛛蟹一生当中的绝大多数时间都在深水区度过，但它们也会前往澳大利亚南部沿岸地区，在那里一个爬在另一个身上，层层叠叠，沿着浅水域进行

下图：（左）准备好交配。蟹类唯一成长的方式就是挣开原来的旧壳。在交配期间，失去蟹钳的蟹可以重新长出蟹钳，不过新长出的蟹钳不如原来的大。（右）当旧壳裂开时，蟹就会从壳中挣出来，并快速地吸取水分。然而，新壳还很软，还不足以支撑蟹行走，此时的蟹处于容易被攻击的状态。

| 上图：一只巨大的鳐横扫过蟹群，以软壳状态的蟹为食。

并完成脱壳和交配过程。和所有的蟹类及其他甲壳纲动物一样，蜘蛛蟹的生长也受坚硬的外壳所限，而唯一解决的方法就是在现有的外壳下长出一个更大的柔软外壳，然后原来的坚硬外壳裂开，并从中挣脱出来。新的柔软外壳在旧外壳底部成型的时候，已将旧壳中的大量钙质吸收到血液中。所以蜘蛛蟹即便是丧失了一只钳螯，也能重新长回来。脱下旧的外壳后，在一段时间内蜘蛛蟹的身体会处于柔软状态，直到新壳硬化。这是它们生儿育女的时期，但同时也是最容易遭受攻击的脆弱时刻。

冰上生活的对策

麦克默多湾与南极洲的罗斯海和南极大陆的其他地方一样，全年覆有冰层。唯独在极其短暂的夏末，覆盖在罗斯海上的冰层才会暂时融化。这里有一个古老而又与世隔绝的群落。

南极的无脊椎动物，从海绵动物、海星到珊瑚、螃蟹，无不经历了漫长的进化岁月。大约2500万年前，当南极大陆继续向南漂移，最终脱离南美洲的时候，南冰洋便成为一个完全环绕南极洲却没有被陆地分割开的大洋。南极环流逐渐增强，在相对温暖的北部水域和相对寒冷的南部水域间形成了一道天然的障碍。从此，物种的隔离与差异也应运而生。

麦克默多湾中生活着丰富的硅藻、鞭毛虫、桡脚类动物和片脚类动物。千万年来，它们一直以海峡里的细菌等微生物为食。在春季，当罗斯冰架底部的过冷水流入麦克默多湾时，冰层便得以形成。冰层没有生命，但它的影响却巨大而深远。冰晶无规则地在海冰下成型、聚拢，面积很大，并成为海冰的根基。如果某一年的冰层太薄，生物生存空间就变得有限，如果过厚，则又会阻挡补给丰富营养的水流，理想状态下的冰层厚度为半米左右。水里的冰晶也形成底冰，

它像一条厚达30米的毯子一样盖在海床上。在此之下，由于压力过大，再没有盛开的冰晶。底冰和海床相互摩擦，断裂的冰块便携带着附着的生物，浮至海冰处，并和冰层融合在一起。总的说来，能在这些区域的海底找到的动物一般都是海胆、海星、蠕虫、等足类动物和鱼类等能够自由迁移的动物。

在深约15~30米的水域，海葵、珊瑚和海绵类动物是整个群落的主要成员，但在30米以下的海域，生物种类更多。海绵类动物生长缓慢，在漫长的底冰形成期，最终死亡，却为其他生物提供了主要生存和活动场所：水螅长在其顶部和侧面；羽管虫把它当作喂食台；鱼儿们藏于其间，或是在里面产卵；海星和海参则以这些海绵类动物为食。

春夏交替之际，底冰开始融化，光合作用的加强使得海藻迅速繁殖，进而覆盖了整个冰层的表面。虽然棕色泥浆阻挡了部分属于海底浮游植物的阳光，但

下图：麦克默多湾海冰的一景。背景为正在活动的埃里伯斯火山。海冰和岩冰相徇私衔接的地方形成了一道冰脊。在冰层之下，也有相当壮观却罕见的景色。

这个对阳光依赖度不高的群族却开始繁盛起来。冰间湖，是长期或较长时间保持无冰或仅被薄冰覆盖的冰间开阔水域，位于罗斯冰架的北部前缘。每年，冰间湖都会逐渐破冰开口，被太阳加热的温暖海水溢向罗斯岛，并于11月中旬到达麦克默多湾。这些较温暖的海水替换了原先的过冷水，使薄冰之下的浮游生物得以大量繁殖。同时，冰层也渐渐被温暖的海水融化，这使其中的生物暴露海面。

大多数的生物连同浮游生物都沉入海底，海底也因此变得生机勃勃。不过，生机勃勃也是相对而言的，因为在水温接近零摄氏度的海水中，所有的动物都行动迟缓，动作几乎无法察觉。

在麦克默多湾，每隔一小段距离就有完全不同的生物栖息地。在东边，从南方刮来的冬季风携带着雪花沿着罗斯半岛一路落下，逆风处则不下雪。这样，和被冰雪覆盖住的区域相比，春天的阳光可以更早地照射进这里的水域。大量的阳光穿过冰架下的过冷水无法到达的地方，这些水域底部的硅藻开始繁殖，像棕色的垫子覆盖海底。这为专以藻类为食，偶尔也食用片脚类动物、海绵类动物以及蠕虫的南极海胆提供了食物。

海草也生长在这儿，这是一种生长在浅海区或10~15米处的物种。它们含有海胆无法食用的毒素，但是海胆可以充分利用它们。海胆将海草撕碎，并将它们粘贴于自己的脊背处。这样，一件抵御海葵等敌害的海草外套就做好了，因为一旦海葵触碰到海草，它们就会缩回自己的触手。借用他人的毒素是一种低劣的防御手段。裸鳃类动物利用软珊瑚的针刺细胞保护自己。处于自由流动状态的小片脚类动物将长着"翅膀"的蛞蝓放在背上，以防御鱼类的攻击。

麦克默多湾群落的一大特征是极度缺乏幼小无脊椎动物。原因很可能是无处不在的Odontaster海星。

它们从不挑食，海豹尸体、海豹排泄物、海绵类动物以及其他海星都是它们的食物。这种海星的统治地位在一定程度上也是其繁殖策略的结果。冬季末期，当大部分动物在海底只产少量的卵时，它们却在水中产下大量卵，并释放出大量精液。这意味着幼卵不会马上被活跃的其他海星和海胆吃掉。幼卵有一个有利的开端，之后以细菌为食，到了夏天则以藻类为食。

在麦克默多湾西边的探索者海湾，尽管条件恶劣，却有一个完全不同的动物群落。来自于罗斯冰架的过冷水常年存在，因此除了有淡水流入的海边区域外，这里的冰从不融化，且厚度可达到 5 米。极个别地区，底部的冰层可达 3 米厚，这降低了营养物质混合在一起的可能性。光线无法穿过，动植物繁殖能力也非常微弱。即使在夏天，罗斯海中的海水流到这里，也不带有任何养分和食物：因为食物早被吃光了。

这里有由极细的颗粒泥沙铺就的海底和存在了数千年的冰川径流，是扇贝的最佳生活场所，成千上万的扇贝栖息于此。一到夏天，在浅海冰块融化的区域，每平方米就有 85 只扇贝。在约为 30 米处的深海区，扇贝密度下降，但大约每平方米也有 20 只。几乎没有因素可以影响扇贝的数量，因为这里连海星也很罕见。众所周知，过冷水不利于碳酸钙的形成，扇贝的外壳主要由碳酸钙构成，所以很薄很脆弱，在深海区，它们的成长速度较慢，体积也相对较小。

这种深度的海底，生存的典型动物是石笔海胆、海蛇尾以及有孔虫。后者是在浅海区温暖海水中常见的单细胞动物，只能通过显微镜才能看到，然而在这里，它们却可以长到 1 厘米长。其他两种是捕食者，它们会吃掉很多无脊椎动物的幼虫，包括扇贝的幼体。

另一种生活在此处的独特的无脊椎动物就是巨型软珊瑚。这种号称"深海珊瑚"（Gersemia）的动物有 1.5 米高，它利用珊瑚虫从水中取食，并收集水中的营养物质以及幼小的无脊椎动物。但是在这个水流

上图：大量的海星和纽虫栖息在海豹尸体上，并以此为食。巨型蠕虫可长到 2 米长，并在很远就能闻到食物的气味。

上页：南极海葵被海冰裂缝中透进的光照亮。它们是贪婪的捕食者，能捕捉大型动物，如海蜇。它们也可以四处游动，以避免碰到它们身后的底冰。

上图：一株软珊瑚弯向一边，从海底搜寻食物。当珊瑚虫无法在水中找到食物时，它就会采取这样的方法。当它吃完周围的所有食物时，便会脱离所依附的物体，然后爬着依附到新物体上。

下页：海胆和海星以海藻和硅藻为食。很多海胆会将有毒的海草披在背上。海葵发出攻击的话，会因为碰到这些有毒的海草然后游开。海草也因为附着在海胆上，可以接收阳光和四处移动。

几乎静止不动的地方，没有足够的食物。所以，巨型软珊瑚横扫四周，获得食物。它一方面改变身体一侧的水压，以便弯向一边并可以触到海底沉积物。珊瑚虫抓住该区域的所有食物后，会直起身，然后弯向另外一边，直到它捕获一整圈。更为神奇的是，软珊瑚从不选择一个物体作为永久的依靠，它会脱离所依附的岩石或扇贝，像蠕虫一样，沿着海底爬向另一个有食物的地方。

极端的条件下需要采取极端的策略。在如此寒冷的深海中，有着无数类似的奇特策略，而大多数我们还要继续观察知晓。

珊瑚：繁忙的生物

有一类海洋无脊椎生物能够创造出巨大的结构，这种结构本身就是一种地质特征，并能为和热带雨林里一样复杂多样的生物群落提供立体的生活空间。这就是珊瑚，一种生活于陆地和海洋交汇处温暖海域的生物群体，它们多分布于赤道附近并环绕地球。

珊瑚在特定条件下才能生存，适宜的水温为18℃~30℃。因此，如果一股寒流侵入热带地区——例如洪堡寒流席卷加拉帕戈斯群岛——珊瑚的长势就会很差。同样，如果水温过高，珊瑚就会死亡。但暖流流入较冷水域——如在百慕大，墨西哥湾暖流环绕整个岛屿——珊瑚礁却可以茁壮成长。珊瑚还需要附着在坚硬的物体上，并喜好有光的环境。所以它们要生活在浅海海域，海水中不能有太多沉淀物，并且海水不会被陆地上汇入的淡水稀释。

珊瑚礁被誉为地球上最美丽、多样、复杂的生物群落，与生活在一起的许多物种发生了无数有益或是有害的相互作用。珊瑚需要阳光维持生长，所以，和植物一样，它们相互争夺能接触到阳光的地方。有一些生长得很快，迅速长高、长大，并遮住了生长较慢的珊瑚，还有一些伸出很长的带有刺细胞的触须——刺丝囊——去攻击附近的同类。而还有一些则伸出肠丝，吃掉离它们最近的珊瑚。通常，生长较慢的珊瑚更倾向于用有攻击性的方法来为自己争夺空间。

生活在珊瑚礁上的物种都有着共生的关系，有时双方都获益。珊瑚也依靠着这种互利的合作生存。每一只珊瑚虫都养育着腰鞭毛虫——一种单细胞生物，腰鞭毛虫依靠阳光进行光合作用，产生出糖分和氧气为珊瑚所用，反过来，珊瑚也为腰鞭毛虫提供二氧化碳、养分和安全的住所。少了腰鞭毛虫，珊瑚不能正常地分泌出碳酸钙来形成珊瑚礁的框架。包括海葵、海螺和巨蛤在内的其他无脊椎生物也为腰鞭毛虫提供住所。确实，少了这些植物，巨蛤不可能长出如此大的壳。

右图：由硬珊瑚——礁石建造者和坚硬的碳酸钙框架构成的礁石。像植物一样，珊瑚相互争夺空间和阳光，长成各种形状。该图主要展现了桌面珊瑚、鹿角珊瑚和短指软珊瑚。阳光使得珊瑚虫体内的小生物体（腰鞭毛虫）进行光合作用，并产生出糖分和氧气，为珊瑚所用。

上图：有毒的火海胆上的一对伪装的科尔曼虾。它们只生活在火海胆上，除去火海胆上的一些尖硬突起作为它们生活的地方，而依靠着其他的突起的地方来保护自己。作为回报，它们清除寄主身上的岩屑和寄生物。这是礁石上许多共生的关系中的一种。

上页：生长在岩墙上的海鸡冠和茂盛的杯状珊瑚（绿色的）。

礁栖贝类（蟹、虾等）也和很多生物——从珊瑚、海葵、海绵到软体动物和棘皮动物——有着此类关系。这些关系使得许多物种能共同生活在一个狭小的区域，但不是所有的关系都对双方有益。较小的一方可能是捕食者、寄生物或食腐动物，以寄主的坏死组织为食，也可能只是为了寻求保护。

生活在印度洋—太平洋地区的火海胆有许多"小尖牙"，这能给不幸碰到它们的潜水者带来巨大的痛苦。但这蜇人的"尖牙"却保护了许多生物，包括虾、海胆蟹和细条天竺鲷。载体蟹甚至会用背着火海胆或水母的方式来防备捕食者。

小而半透明的仙女蟹在夜间活动，因此很少见。它们的后背和腿上生长着小水螅虫——一种带有刺丝囊的树状群栖生物。这种生物起着更重要的作用：它们从水中捕捉浮游生物，其中较大的浮游生物被仙女蟹据为己有。

清洁虾和它们的客户（通常是鱼）之间的关系为人们所熟知。清洁虾待在礁石上很明显的地方，用摇摆的滑稽动作吸引了许多鱼。清洁虾通常成对出现，许多鱼都可以成为它们的寄主。它们不仅以寄主的黏液，还以寄主身上所有的小寄生虫为食，它们的工作遍及寄主全身，边前行边咬咬这咬咬那。

这些只是密集的礁栖群落中无数生存关系中的几种。这里的海洋生物之间的相互依赖是绝无仅有的，我们才刚刚开始获知，对它们及珊瑚群中形成的超凡的生存策略仍然知之甚少。

第二章

神话般的鱼

地球上种类最多、分布最广的脊椎动物要数鱼类。从山间的溪流到深不可测的海底，鱼类分布在地球上每一个有水的角落。迄今为止，人类已知的鱼类大约有 28000 种（而哺乳动物只有 5400 种），毫无疑问，更多的鱼类种类还在等待被发现。

鱼类成功生存的秘诀在于 4 亿年前就已经进化出的基本构造——脊柱、铰合式的颚和鱼鳍。在那时，铰合式的颚和成对的鱼鳍对于它们来说有两大好处：铰合式的鄂可以让它们的食物的种类更多，可以让鱼类成为捕食者而不是海底食碎屑的生物，可以让呼吸变得更有效，因为能够在氧气充足的水域呼吸意味着不用再游到水面。而鱼鳍连接的是灵活的脊柱，这不仅使它们前进得更有效，而且也更容易掌控力量。

鱼类运动的方式是很神奇的。水的密度比空气大，摩擦力是阻碍其运动的一个主要原因。在水中能够游得快的最佳体形就是线条型。在鱼类中，如鲨鱼，游得最快的金枪

左图：大鼻子的六棘鼻鱼有一个小小的嘴巴，用来寻找水藻和小动物。颜色是用来伪装的（它在睡觉的时候能够伪装一个棕色的泥团）。

下页：条纹四鳍旗鱼以太平洋的沙丁鱼为食。旗鱼是海洋中游得最快的鱼之一。

前页：大白鲨流线型的身体和发达的肌肉展现了一种古老且经典的鱼类的形状。大白鲨柔和地扭动着身体，从一边游到另一边——这种非常省力的方式实现了速度的最大化，这非常适合这种大型水生动物，而其特殊的皮肤构造也可以减少水的阻力。

鱼和梭鱼，都拥有结合了强壮肌肉的推动力系统。

但是决定一切的也不只是速度，还有鱼类的居住环境和食物。细微的运动也很重要，它能使鱼利用鱼鳍以不同的方式前进。那些可以飞的鱼是因为长有更长的鳍，在需要逃跑的时候鳍能够转换成翅膀。在澳大利亚，瘦弱的草海龙的脖子和背后有一对震动得很快的小鳍，像一个迷你直升机，能够精确地在其生存的海草和巨藻中调动，而它的身体却并不需要明显的运动。现代的鱼类中，进化的鱼鳔为鱼类提供了一个充气室，它能调节身体的密度而适应对水的密度。利用鱼鳔，它们可以随意沉入水底，或跳到水面。

无论是在盐水中还是淡水中——即使是在巨大瀑布的顶部，虾虎鱼也可以占领。没有哪一片水域是它们无法进入的。虾虎鱼是用特殊的鳍作为攀爬支柱的。其他的像弹涂鱼，可以将鳍转换成走路的工具，它们在泥滩上自由生活，并能够在脱离水域的时候得到氧气。

这一章的故事就是关于鱼类在海洋中生活时形成的一些奇妙的行为。产生这些行为的原因不仅仅在于它们外形和行为上的多种多样，也因为它们生存环境的鲜为人知。

大嘴真鲷

葛拉登岬海滩位于贝里斯浅水域和加勒比海深水

下图：一群狗笛鲷在伯利兹堡礁中呈螺旋状往上游。这群鱼中有雄鱼，有雌鱼，雄鱼追逐着雌鱼，而雌鱼正向上游去，以便在接近海平面的地方产卵。它们通常是在月圆之后的夜晚这样活动。

下页：一条鲸鲨朝海面游去，吸掉了海面上漂浮着的鲷鱼的卵。

域的交汇处。一群群的黄貂鱼在珊瑚丛中穿梭，许许多多的鱿鱼悬挂在长有珊瑚礁的浅滩中，就像一排排待命的宇宙飞船。在有海草的海床上，生长着许多不同种类的海洋生物，还有很多在海草中生活的幼鱼，它们长大后会去更深的海底探索。

从这片绿宝石似的养育之地出发去海洋，海浪突然变得很大很高，形势也变得越发严峻。当太阳渐渐消失，黑夜来临，你能感受到船底下那深不见底的蓝色海洋并非毫无生气。在大约 60 米的水面之下，最吸引人的便是加勒比海的鱼群活动。从三月到六月，从白天到月圆，大群的鲷鱼聚集在这里产卵。鱼群被分成了好几个部分，它们都有自己的种群，狗笛鲷、羊鲷、蓝鳍笛鲷等，成群结队。在月圆的夜晚，在海水的 30 米深处，就可以看见鲷鱼。在一些有隐藏标志的地方，鱼群突然动了起来，一些鱼从鱼群中跳出来并且一窝蜂地再集合在一起。

雌鲷鱼不停地跃出水面，每跃一次就会有雄鲷鱼呼应，为的是使精液混入到雌鲷鱼释放的卵子中。在不断向上的过程中，雌鲷鱼通过扩大鱼鳔达到将卵子释放出身体的目的。雌鲷鱼到达接近水面 15 米以内时就会释放出成千上万的卵子，然后雄鲷鱼就会释放精子，海水也迅速变为奶白色。随精子释放的油类在海面上形成一块类似网球场地的光滑且平坦的地方——鲷鱼在水下活动的结果。突然，一条鲸鲨冲向云霄。这是世界上最大的鱼，但它这次是为了吃卵子，不是鱼。

鲸鲨通常以捕食浮游植物和磷虾为生，但这种庞然大物每年都会成群结队地聚集在葛拉登岬捕捉鲷鱼的卵子。它们不需要游上前去捕食，当鲷鱼产完卵后，它们就将身体立起来，并大口吸水，所吸的每一口海水中就会有上万个卵子。

在月圆之后的十天，每个夜晚，这种情形都会再现。刚开始的时候，雌鲷鱼身体鼓鼓的，里面全是卵子，但随着时间的推移，它们变得越来越瘦，动作也不那么快速，最后鼓胀渐渐消失。鲷鱼也许是在等待潮汐能将卵子传播得更广。在十天之内，这些雌鲷鱼产下上百万个，甚至上亿个卵子——这个数量对那些鲸鲨和其他的捕食者来说还是太多，最终有上百万个卵子可以存活下来。当它们畅游在海洋中时，它们还会面临无数的挑战，只有很少一部分能存活长大。届时，它们将继续这样并成为葛拉登岬的风景线。

到鱼类天堂的艰难旅程

夏威夷群岛的诸多岛屿位置偏远。它们在离最近的大陆海岸线大约 3862 千米的地方，由火山爆发推挤形成，海拔高于太平洋海域，且现在仍然在火山的

下图：在从海水到峭壁的马拉松式攀爬中的虾虎鱼。它身体下方的腹鳍愈合成一个吸盘，在向上爬的过程中它就用吸盘吸在岩石上。

下页：一只在岩面上缓慢稳定向上爬行的虾虎鱼正在休息，它在爬行的过程中会利用嘴和吸盘。等待它的奖赏就是瀑布上方的栖息地，那儿相对天敌比较少。

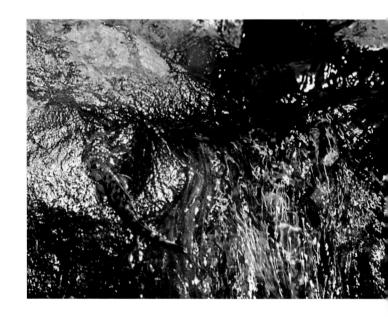

推动下增高。遍布岛屿的河流既短又陡，瀑布从悬崖飞泻而下流到海里，就像是连接着河流和海洋的水幕。

群岛距陆地非常遥远，而且从地理角度来说，群岛存在的历史并不久远，因此岛上的淡水区有生物栖息的可能性非常小。但是岛上生物以不可思议的生活方式弥补了生物数量缺乏的遗憾。当地的鱼只有五个种类，而其中四种都属于虾虎鱼。这种鱼的腹鳍愈合成一个吸盘，虾虎鱼利用这个吸盘吸在岩石上，吸盘在它们的早期生活中起着非常重要的作用。

孵化后，幼虾虎鱼会向下游游去，游到海洋里，加入到成千上万的浮游生物的大军中。它们在海水中进食，经过数月的成长，体长长到大约 10~25 毫米，然后它们游回到岛屿中的淡水中，在这里度过它们的成年时光。起初，它们要游回淡水河流的下游并不费力，但到了内陆地区，它们就会碰到艰巨的任务——陡峭的夏威夷瀑布，一些瀑布有 122 米多高。这时，虾虎鱼的吸盘就派上用场了。

虾虎鱼集中在瀑布的边缘，这里瀑布溅落在岩石上形成连续的水流或小溪。一只虾虎鱼开始向上爬时，给其他虾虎鱼提了醒，它们都开始向上爬。攀爬时它们有着不同的策略，有些虾虎鱼会选择从瀑布边缘慢慢往上爬，有些则轻跳出水面，然后落在岩面上，用它们的吸盘吸在岩石上。不管是什么策略，它们都各自开始了神奇的旅程。

现在它们必须使用爬行技巧。一些虾虎鱼会利用嘴和吸盘像毛毛虫一样在岩石上慢慢地一寸一寸向上移动。这种缓慢稳定的方法可以使虾虎鱼在休息之后爬行很远的路途。当虾虎鱼确实休息时，它们会在岩石上找一处相对比较平整的地方或凹陷停下。有的虾虎鱼有着更惹眼的爬行方式，它们有着很大的胸鳍，并以胸鳍为桨做出蝶泳的动作，辅之以整个身体和鱼尾的摆动，它们在水中奋力游动，这些虾虎鱼比像毛毛虫那样爬行的虾虎鱼速度更快。

如果你站在其中一个瀑布的上方，脚下的水源源不断地向下流去，似乎永不停息，水在岩石上反弹发出打雷般的轰轰声。这样的环境下，谁会知道开始爬行的虾虎鱼中有多少只最后能爬到顶端？但可以肯定的是爬到顶端的虾虎鱼足够支撑这个物种生存下去。那么它们为何一定要如此费力地向上爬呢？瀑布上面是它们的天堂：这里是一块繁衍地，有着极少的天敌和竞争。这也是鱼类为了找到一块栖息的天堂而不辞千辛万苦一定要到达那里的典型例子。

珍贵的卵和细心呵护的草海龙爸爸

总的来说，鱼类的一个很大的优点就是能够找到海洋里的每块栖息地，这其中不乏一些人造结构。例如澳大利亚南海岸人工码头周围温暖的浅水区，这里就栖息着海马、乌贼、刺豚和䲁科鱼等鱼类。鱼儿们在这里轻快地游来游去，这里甚至出现过白鲨——可能因为当地海豹数量很少，所以它们才巡游到这里。

码头周围生长的海草丛为很多生物提供了保护，包括童话中的鱼类——草海龙。它们的外貌特征和鱼很不相似，鱼鳍的摆动速度很慢，没有明显的动作，然而这种缓慢的移动却可以很好地将它们隐藏在和它们长相相似的海草和海藻中。它们主要吃甲壳类动物，比如糠虾。草海龙徘徊着接近虾群，然后一个个地吸住它们。零星的几只草海龙可能会被虾群吸引，但在十月和十一月，草海龙大规模出现则是为了交配。

交配的前奏是舞蹈，当一天结束，光线渐渐暗淡时，草海龙模仿着对方的动作。夜幕降临，成对的草海龙隐退在黑暗中。没有人知道究竟发生了什么，草海龙不会向海里喷射数目可观的卵，而是一天24小

右图：雄草海龙与刚产下的卵，卵从血管中获得氧气。将卵随身携带可以使其24小时受到保护。草海龙会依靠变装术以免被敌害发现。

上图：新生的小草海龙。它们从孵化出来后就开始独立生活，但是它们有卵黄囊以保障紧急时刻的食物供给。

时细心地守护，它们的卵不像海马一样放在育儿袋中，而是在雄草海龙尾巴的海绵组织里。这就限制了它们所能照料的卵的数量，最后大约会有120只"卵杯"出现在草海龙交配前形成的孵卵组织上。到了早上，草海龙会将紫色的卵一列列地粘在它们的尾巴上。接下来的几个小时，它们会尽力伸直尾巴好让所有的卵排列起来，身体向一侧游动，仿佛是由于那珍贵的负担而变得摇摆不定。

草海龙的卵会在一个月内孵化，有时它们会借助长在身上的海草丝做掩护。当草海龙的卵开始孵化时，雄草海龙会摆动它们的尾巴以帮助释放出小草海龙，这样它们就可以游走，然后在南部澳大利亚的海岸水域自己生存下去。

呼吸空气和吮吸泥土的冠军

对鱼类来说可能没有几个地方比潮汐的泥滩环境更为艰苦的了。盐浓度的极端变化和在泥土上行走是主要的难题，但最大的挑战还是长期缺水。弹涂鱼可以采用两栖的生活方式利用这块肥沃的土地生存，但却需要做出重大的改变。它们的皮肤可以帮助呼吸空气，但是仍然需要它们改变自己的鳃以锁住水分，当它们在泥土中时它们腮部紧闭。它们会用腹部的鳍帮助走路。它们所获取的食物从蟹、苍蝇等无脊椎动物到泥土中的藻类和微生物，如硅藻，在这里很少有生物和它们竞争。

关于这些神奇的鱼类在如此严酷的环境下生存我们需要了解的还有很多，但是最近关于日本弹涂鱼的研究给了我们一些很好的启发。像大多数弹涂鱼一样，日本弹涂鱼用它们的嘴挖出一个洞，它们会在白天退潮时躲在这里，以躲过它们的天敌和一天中最毒辣的太阳。最重要的是，这个洞是它们产卵的安全地，能够避免将卵暴露在危险的海水中。雄性弹涂鱼通常会挖出 J 形的洞，J 形洞的前部会低于海面 20 厘米。但是洞里海水含氧量非常低，卵非常需要充足的氧气来完成成长和孵化。为了解决这个问题，雄性弹涂鱼做了一些非常聪明的改进。一旦它们吸引到雌性弹涂鱼进入洞中，雌性弹涂鱼就会将卵产在向上翘起的那头的洞壁上，这时雄弹涂鱼会将卵受精。然后雄鱼就变成鱼卵的呵护者。受精能够成功的关键在于产下卵的 J 形洞的末端有空气包。但是这个空气包并不会存在很长时间，所以雄鱼会在退潮时在洞口处大口吸进空气，再游进洞中，然后将空气吐在洞中。

六或七天后，卵开始孵化。但是它们需要在夜幕下进行，因为这时周围几乎没有天敌。为了在正确的时机孵卵，雄鱼要在夜晚等到涨潮，它们吸出洞里的空气，之后洞被海水淹没。卵一旦淹没在海水里，就开始孵化，而下一代的弹涂鱼也就形成了。

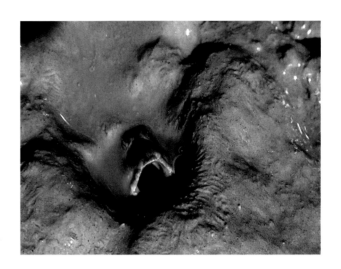

右图：一只雄性日本弹涂鱼在它的洞中大口呼吸空气，然后回到育婴室中。

下图：较大个的蓝点弹涂鱼有着更炫目的鱼鳍，它们跳跃起来，一方面宣布对这块有着丰富营养泥滩的所有权；另一方面也是为了吸引雌鱼到它们的洞中。如果受到其他雄鱼的挑战，它们会为了争夺最佳产卵地而进行战斗。

漂浮与飞行

在离加勒比海多巴哥岛岸边 48000 米的海面上漂浮着大量颜色暗淡的棕榈叶和残枝叶。这些叶子在海里已经漂浮数月了，早已成为很多海洋生物的家——一个在巨大海洋中的避难所。但是现在有鱼类来到这里，要利用这些树叶作为产卵的温床。

成千上万只飞鱼集中在这些树叶下产卵。这种行为是疯狂的，很快这些叶子下就聚集了大量的鱼类。在加勒比海，飞鱼会在一月到五月集中产卵。它们不会将卵产在海水中，而是将卵贮存在海面的漂浮物上。叶子的下面是理想的产卵地，很快下面就有一丛又一丛的卵，成为一个巨大的漂浮着的"育婴床"。

但是这种活动并非不为人知。徘徊在飞鱼群四周的有剑鱼或鲯鳅，它们有着发达的肌肉，力量惊人，它们的背鳍从头后部一直延伸到整个背部，镰刀似的尾巴使它们的游动速度非常快。如果它们想捕食产卵的飞鱼，飞快的速度是必须具备的。

一条剑鱼快速追赶，试图找到一个可口的牺牲品。但是飞鱼马上就火速前进，有力地摆动尾巴，在水面下逃跑，并很快消失了。水面上只剩下飞鱼的影子。

飞鱼有着长长的胸鳍，伸展开来就像翅膀一样，能将剑鱼远远地甩掉。当飞鱼减慢速度时，它们会在

水面上滑行，然后用力地甩动几下尾巴，并推动身体向上，大而平坦的腹鳍可以稳定身体。这样，飞鱼能够滑行 50 米，并远远地逃出天敌的狩猎范围，这对于在水中的鱼来说是一种奇特的逃跑方式。

上图和下图：有着闪亮翅膀的飞鱼跃出水面，它们展开鱼鳍，能够滑翔到安全地带。正在追赶它们的是它们的天敌——剑鱼，剑鱼游动的速度非常快，但仍不是这些飞鱼的对手。

下页：一群飞鱼在大量的棕榈叶下产卵，雄鱼释放它们牛奶般的精子为雌鱼产在叶子上的卵受精。大量的叶子成了一个漂浮着的"育婴床"。

白条锦鳗鲻家族的奇特生活

在鱼类的世界中，很少有比西南太平洋白条锦鳗鲻的家族生活更奇特的鱼类了。成年的白条锦鳗鲻大约有 50 厘米长，形状看起来像鳗鱼，它们一生都生活在珊瑚礁附近的鱼洞中。神奇的是一对白条锦鳗鲻和成千上万只幼鱼组成家庭，小白条锦鳗鲻过着完全不同的生活，它们每天离开家去寻找食物，移动起来就像是巨大的生物体。

鱼洞可能会有 4 个入口，每个入口都有呈扇形的沙质材料作为标记。观察几分钟后你会发现这些材料是由白条锦鳗鲻父母从洞内吐出的沙子和一些珊瑚组成的，这都是它们不断辛勤扩建和清洁的结果。在白天，因为沙子不断被潮水和洋流推进洞内，清扫工作几乎是不间断的。在一天内，就有 3 千克的沙子被白条锦鳗鲻父母收集并吐出洞外。

上图：一条大白条锦鳗鲻正开始不间断地用嘴清洁沙子的劳作。同时，小白条锦鳗鲻鱼正四处游动着等待进食。

下页：一群小白条锦鳗鲻正在吃海洋微生物。它们的父母永远不会离开它们的家。那么成年白条锦鳗鲻究竟以什么为生呢？有可能是吃它们的孩子吗？

拂晓时分，第一批小白条锦鳗鲻出现在洞口。它们不像成年白条锦鳗鲻一样身上有斑点，而是从头部到尾巴有两条黑色的条纹。另一条小白条锦鳗鲻也出洞了，然后又有下一条，很快游出十条、上百条甚至上千条。这些像蛇的鱼群宽度可以达到 3 米，拥挤着向开阔的水域游去。

这些小鱼以开阔暗礁上的浮游生物为生，作为一个整体，它们有时会形成一个滚动的圆球，有时又游出庞大的形状。这是一种反天敌的防御法，也是一种安全措施。它们很像生活在同样区域的另一种鱼——条纹鲶鱼，它们也是成群移动的，因为自身有毒，所以只和同类在一起。

小白条锦鳗鲻一天都在暗礁处进食，傍晚时分回到洞中，它们鱼贯而入，就像水下有个入水孔。晚上，小白条锦鳗鲻将头部的黏液悬挂在洞顶上。事实上，白条锦鳗鲻的洞顶上满是成排的黏液的痕迹。

很明显，幼鱼在它们父母出于安全考虑下而辛勤挖的洞中受益很大，但是受益的可能不仅仅是它们。关于成年白条锦鳗鲻最大的谜团就是它们以什么为生，因为它们从未离开过洞中。它们也许从白天所移动的沙子和珊瑚中捕获食物，例如无脊椎动物和微动物群，但是检查它们胃里的食物时却并没有发现这些东西的痕迹。成年鱼也可能靠幼鱼的粪便或它们分泌的黏液为生，或者是幼鱼反刍食物给它们吃。这些成年鱼有可能吃它们的小鱼吗？

关于这些白条锦鳗鲻和很多其他种类的鱼类的生活还有待发现。因为人类待在水下的时间有限，我们研究鱼类生活奥秘的机会不多。但是这也正保持了我们对水下生物生活的好奇心，还有很多等待着我们去发现探索。

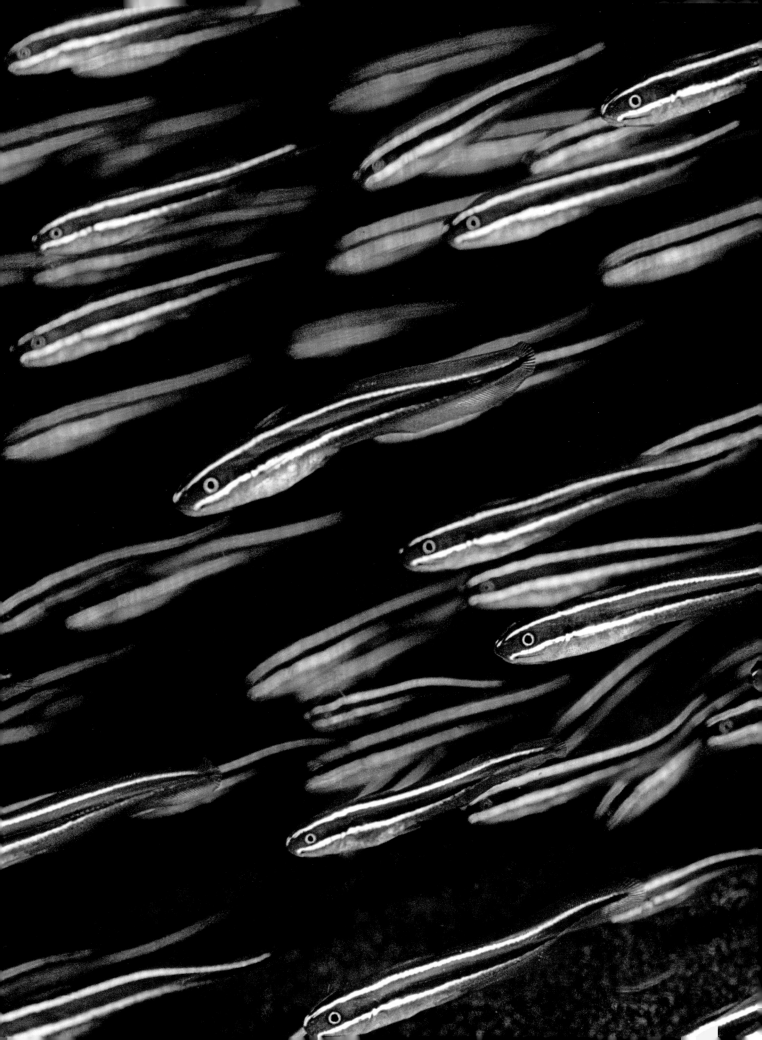

第三章

生命力旺盛的植物

　　植物和动物一样，一直处于各种斗争中——它们不仅要和同类争夺资源和配偶，还要应对天敌。虽然植物也会和同类合作——不过这通常都是具有欺骗性的，或者是处于寄生状态，但在一些情况下，它们也需要捕食。我们之所以没有注意到这些引人注目的行为，首先是因为我们理所当然地认为植物的根生长在地下，所以它们必然是毫无生气的；其次，这些植物的活动非常缓慢，因此我们很少注意到。事实上，正是缓慢的进程才成就了它们的成功，同时也让我们了解它们。如果你以植物的视角来看待，你将会关注到一个极复杂又美好的充满各种活动的世界。

　　就像其他生物一样，植物之间要互相争夺水分和养分，但是争夺最激烈的则是阳光。没有阳光，就无法进行光合作用，就无法生长，所以植物会尽一切所能争取到更多的阳光。例如，一株向日葵幼苗会随着升起的太阳而转变方向，以获得尽可能多的阳光。在争夺阳光的过程中，植物展示了它们最富有敌意的一些特征和强大的适应力。攀缘植物会利

左图：从大王花圆顶内部看到的昆虫。大王花生长在婆罗洲的沙巴州上，是世界上花朵最大的植物。巨大的花朵其实是一种陷阱，凭借散发出的腐肉的味道，专门吸引甲虫和苍蝇，然后将它们关起来，在这些昆虫完成授粉工作后再将它们放出去。

下页：法国南部的向日葵，它们始终面向太阳以吸收尽可能多的能量，既为了进行光合作用，又为了使它们的种子成熟。

前页：拍摄于一月英国达特姆尔高原上由风雨塑成的古老橡树林。每个树干、枝叶和岩石上都覆盖着蕨类植物、青苔、地钱和地衣。

用其他植物，尽力使用卷须、吸盘甚至钩刺攀上其他植物的茎或树干以获取阳光。

植物会利用阳光来推算时间的流逝。它们知道春天、冬天或者是干旱季节什么时候来临，以决定什么时候开花、结籽或者是什么时候凋谢。它们是掌握时间的大师，可以对时间精准把握并用触觉感知——它们卷须的尖端远比人类的手要敏感，可以用来对付动物。捕蝇草甚至会数数，使用它们高度敏感的感觉毛来决定什么时候关闭它们的捕食夹。

植物也是很聪明的操控者。植物和为它们授粉的动物之间的关系可能看起来是平衡的，但是进一步看，我们就会发现通常植物占上风。一开始，植物就控制着所产花蜜的量，因为如果产太多的花蜜，授粉的动物就很容易满足，就不会再到其他植物那里寻找花蜜；如果产的太少，授粉动物就不会光顾。如果植物产的花蜜的量正合适，授粉动物就会不停地在花朵之间采蜜（当然，它们飞走的时候也会带走花粉），植物的花蜜足够吸引授粉动物的光顾，又可以使它们生存下去。

在每块陆地栖息地上都可以看到植物，甚至是一些没有动物的地方也有植物。它们在陆地上生存的时间比动物要久远，有的植物生存的时间可以追溯到将近五亿年前。今天如果撇开地球上数量最多的生物——细菌不说，植物就是这世界上最大、最高、最古老的物种。每块陆地上的动物都直接或间接地依赖着植物生存，各种生命实际上最终的来源都是植被。所以说除了一些植物成为动物的饮料外，其他植物都是动物的主宰，并按照它们的意愿操控着动物。

对抗逆境最好的办法——长寿

在美国西部的怀特山区，冬至太阳升起时，一

上图: 生活在加利福尼亚怀特山区的狐尾松有着几千年的历史，它们是地球上活得最久的一种生物。这里环境严峻，几乎没有其他的植物生存，所以植物之间的竞争很少。但是极寒冷，又多风干旱的天气意味着狐尾松生长得很慢。

棵孤独的树在雪地上投下了一年中最长的影子。这就是狐尾松，它们已经存活了很多年，而其中的一棵以4740年的高龄称得上是地球上存活时间最久的树了。

在埃及人开始建造金字塔之初，狐尾松还都是小树苗，耶稣诞生时，它们才开始成熟。狐尾松和它们的后代生活在加利福尼亚东锯齿山海拔 3048 米的地方，这里环境非常恶劣：极寒，干旱，土层很薄，土质呈碱性，环境恶劣到差不多只有狐尾松能生活在这里，这对它们的生存是个严峻的考验。

狐尾松在不同的生长时段呈现出不同的状态。狐尾松的生长速度极其缓慢，100 年的时间才能长出 2 厘米左右的年轮。最大最高的狐尾松能长到 18 米高。这些树在最优越的环境中反而很容易在 1500 岁的时候夭折。树龄很长的树遭遇的生长环境都很恶劣，生长季节大约 60 天，并要遭受 160 千米 / 小时的狂风猛吹以及只有 25 厘米的年降雨量供给。大约 1000 年后，不出意外的话，这些狐尾松都被蹂躏得不成样子。但是这让我们了解了狐尾松的生存策略。据说，狐尾松长寿的秘诀就在于它们要耗费相当长的时间才能死去。

树龄少于几百年的小树看起来十分与众不同。它们有着油亮的红棕色树皮，枝叶整齐而密集地排列着，树枝上的松针闪闪发亮，并呈螺旋状优美排列，整个枝叶的尖端看起来很像狐狸的尾巴，狐尾松也就由此得名。

狐尾松在4000多年的生命中所遭受的风沙洗礼在它们身上留下了很多可怕的疤痕，它们看起来历经沧桑，半死不活。最老的松树基本上没有几个活的枝杈，也没有完好无损的树皮。对于12米高的树来说，仅仅依靠几条活树皮来存活是很正常的。存活的组织如此小，只需要很少的食物和水供给，再加上能存活30年的松树针，由此便可以保证狐尾松能存活下去，

而且几乎不需要消耗什么能量。

我们很难了解到底是什么导致了狐尾松的死亡。这些老树木质结实，树脂很多，所以实际上它们并不会受到木材穿孔虫和各种菌类的影响。因此，即使它们死了，仍可以完好地保存数千年而不被腐蚀，只是被风沙冲刷的外皮惨白惨白的。它们是如此坚韧，就像石头一样慢慢风化。它们的高龄和几乎无法摧毁的特质使得狐尾松成为自然界中的奇迹。同样，这也使它们成为研究冰川时代末期气候的宝贵的自然档案。狐尾松树干中每个年轮之间的差距都向我们展示着它们所经历的每个夏天的干旱和温度之间紧密的联系。

下图：一片日本竹林，它们的生长速度非常快，几个月内它们就能长到30米高。地球上生长速度最快的植物就是竹子。

上图：竹子是一种草类植物，但是却有着木质的茎，这种木质茎有着非常大的力度和弹性。

研究这些活着或死亡的狐尾松，我们有可能追踪到之前连续 10000 年的历史。

地球上生长速度最快的植物

我们有可能看到草类植物的生长吗？在世界上生长最快的一种植物——竹子身上，这是有可能见到的。竹子是一种最普通的草类植物，全球约有 1500 多种，有的竹子很矮小，有的竹子很巨大，还有的竹子直径可以达到 23~25 厘米宽，超过 25 米高。有时候它们的生长速度非常快，有时候却又格外慢。

竹子从地下的根茎开始生长，要么生长成密集的竹林，要么在地下长成大约 6 米的地下茎，随着时间推移，这些地下茎会长成有共同基因的竹林。竹子的生长很奇特，新茎出现时，并不像普通植物新长出来的枝叶那样长在顶端，而是长在底端。生长虽然在继续，竹子的茎却并不变粗。它的尖端是一些紧密重叠在一起的叶鞘，外面包裹着一层竹叶，它们就像是收音机那能够伸缩的延长天线那样向外生长。而且，茎只会在春季生长，大概只持续几个月，所以，要长成 30 米高是很不容易的。竹子的快速生长可能是为了适应和充分利用森林里不同的光层，当然只是推断，没有人知道准确原因。

相对于快速生长，竹子的有性生殖显得颇为从容不迫。一些品种的竹子可能一生只会繁殖一次，一百多年之后再进行下一次。不过，一旦竹子开始有性繁殖，它们不但会很随意地进行，而且会在一个迷人的栖息地中和同伴们同时开花。我们曾经以为所有种类的竹子都这样，现在才知道大规模的开花仅限于某些品种。

同时开花对于种子来说更重要。一株竹子可能只能结种一次，但是这样大量繁殖可以弥补损失。人们曾发现一块 33 平方米种植同品种的竹子的竹林中可以生产 136 千克的种子，至少能长出 400 万株竹子。

竹子之所以如此多产可能是考虑到只有生长出比掠食者吃掉数量更多的种子，才能保证自己的生存，但是竹子为什么只结种一次，我们还不得而知。也可能是因为要生长出这么多的种子要耗费很多能量，而这种能量它们一生只能积攒一次。当然，这种生殖方式会耗尽竹子的体力，并导致它们死亡。但是一旦一株热带的竹子种子传播出去，会在短短的 45 天内长出一个完全成熟的茎干。

那么，竹子的生长速度究竟有多快？斑竹保持着最高的纪录，它可以在 24 小时内长到 1.2 米高，这种生长速度是用肉眼可以观察到的。所以，你是可以看到竹子，这种草类植物的生长的。

古老的龙血树的生存技巧

如果萨尔瓦多·达利曾经画过生物图解的话，那么索科特拉岛的龙血树大概是一个非常不错的主题。龙血树的树冠形状（像由内向外翻的雨伞）以及树叶的形状和颜色，使龙血树成为一道陆地奇观，从龙血树树皮散发出来的带有血红色的树脂。也为龙血树蒙上一层不真实的面纱。唯一生长着龙血树的地方是同样神奇的索科特拉群岛——号称"阿拉伯海上的加拉帕戈斯群岛"。索科特拉岛位于也门海岸线上，是至少一千万年前阿拉

上图：索科特拉龙血树，非常适应这里炎热干旱的陆地环境。漏斗状的枝杈和沟状的树叶能够收集水分，水分可以沿着树叶流到根部。如果龙血树受到损伤，树皮会渗出血红的树液——"龙血"。

下页：索科特拉岛严酷的陆地面貌。奇特的、有着像水桶一样枝干的沙漠玫瑰，沿着龙血树生长。这两种植物只在阿拉伯群岛上生长。

伯和非洲分裂时，非洲的一小块陆地漂浮在海上形成的。长期以来，这里作为一个独立的海岛而存在，许多独一无二的物种在这里生存着。这里的风景很粗犷，而且这里被赤道附近的太阳炙烤着，土壤都是贫瘠的。然后这里的峭壁和水沟却由于生长着香料作物而芳香十足。遍布于索科特拉岛的另一种陆地植被就是索科特拉沙漠玫瑰，这种玫瑰从岩石中长出来，没有根也没有叶子，粉红色的花朵生长在顶端。在这里，能使沙漠玫瑰黯然失色的就是索科特拉龙血树，龙血树达 6 米多高，极其适应这里的严峻环境。考虑到这些，我们可以理解龙血树的生长速度非常缓慢这一事实。实际上，它们要经过大约 200 年的时间才能达到长成。

虽然岛上非常干旱，但是山区偶尔也会有福泽，那就是海雾，还有一年两次的季风雨。龙血树会充分利用每一滴水。它就像一个巨大的漏斗，向上接收着雨水。它们尖尖的叶子就像水沟，向上弯曲着，树叶厚厚地叠加在一起，所有聚集或落在叶子上的水都直接流到树冠的中部，水在这里汇集，并流到根部。肥

厚的叶子外面包裹着一层蜡质角质层，既可以减少水分流失，又可以加速水分在叶子表面的流动。树冠很厚，所以在雨水停止、太阳暴晒的时候，树冠可以起到太阳伞的作用，为根部提供阴凉。

龙血树是一种神奇的植物，而且是一个由千年来没有变化的土壤和气候共同塑造出的完美物种。

施毒、绞杀、反向扭曲

植物有很多方法可以在争夺阳光的战役中取胜——比对手生长得更快，长出更大的树叶，成绞状甚至变得有毒，但是最主动的一种方法可能就是利用竞争对手的身体向上爬。

攀爬是一种很合算的策略。让别的植物来做支撑，它们本身只需长出更多的叶子，且不用再耗费能量去长出强壮的茎。攀爬植物会利用身上的每一个部位，并依附在寄主身上。常春藤利用它们的根部，金银花有可以快速缠绕它的竞争对手的茎部，还有一些植物会将它们的叶子变成长长的带有钩子或黏状物的灵活卷须。在所有的攀爬植物中最优雅的一种便是西番莲。当它寻找其他植物向上爬时，生长在茎部上的卷须会四处挥动寻找连接处。这些卷须碰触时变得非常敏感，

下图：西番莲紧紧盘绕的卷须。一旦卷须确定寄主，它们就会快速盘绕，开始朝一个方向，然后又朝另一个方向，这样就绕出一个强壮的"减震弹簧"。

下页：婆罗洲的绞杀榕利用森林中的另一种树作为支撑向上爬以获得阳光。当无花果的种子在寄主树上发芽后，它们会让根部长到地上，渐渐地环绕树干，最后将寄主树绞死。

但同时又挑剔得让人吃惊。如果卷须抓到一个感觉很滑且无法固定的地方时，它们就会松开，然后继续寻找一个更好的地方。一旦对选择的固定地感到满意，它们就会快速绕着寄主的茎干向上攀，然后开始朝着一个方向盘绕，再朝向另一个方向盘绕，就像绕出一个弹簧。这种盘绕法有两个好处：既可以作为减震器避免连接处断裂，又可以使西番莲的茎干更贴近寄主，这样其他的卷须就可以轻松地牢牢抓住寄主。

数年来包括达尔文在内的观察家对西番莲盘绕过程的方向转变非常感兴趣。植物称之为自由盘绕，但是数学家却称之为"颠倒"。这个过程很值得注意，因为它做成了一种不那么扭曲的弹簧：顺时针盘绕一部分，然后再逆时针盘绕，两个部分相互抵消，这样就是没有扭曲。两段固定的卷须如果想呈弹簧状，反向扭曲是唯一的办法。

空气动力学的奇迹

差不多所有植物的根部都在地下，这使得植物拓

> 下图：一颗翅葫芦种子。虽然它看起来很简单，但却是空气动力学的奇迹。这简直是一个长距离飞行的滑翔机，有着"停止—俯冲—高飞"的独特飞行模式。

展新领地成为问题。虽然植物不太可能移动，但是可以通过别的方式实现，那就是传播种子。植物进行繁殖和开拓新领地所需要的所有基因信息都蕴含在种子内部。

差不多有多少种植物就有多少种传播种子的方法：搭顺风车法、乘风飞扬法、水上漂浮法、空中降落法、空中飞行法、空中滑行法，甚至还有导弹飞射法。其中传播种子最壮观的植物当属婆罗洲的翅葫芦，日本的爬行胡瓜或者叫爬藤葫芦。翅葫芦是一种藤本植物，这种植物会沿着树干向上攀爬以获取树冠顶部的阳光。翅葫芦结出来的果实有足球那么大，里面有数百颗极薄的种子，堆到一起就像是纸牌。成熟之后，果实就会裂开，每次风吹来，里面的一些种子就会随风飘出。每颗种子就像是纸片般的滑翔机，有着13厘米长的"翅膀"（种子本身大小只有几厘米宽）辅助飞行。种子飞起来后，开始会快速地猛飞一阵，然后便缓缓地呈螺旋状下落。

种子飞行的路程取决于它们起飞的高度、风力条件和一些障碍物，但是它们能飞出让人吃惊的距离。树冠的高度可以使滑行变得有效。然而有时候，翅葫芦种子会采用一种不同的飞行方法，在滑行过程中，种子可能会突然停下来并向下俯冲，这样做之后，种子会继续以足够的速度向上升，这样它们就可以在再次停止前快速上升一米左右，然后再重复这个过程。翅葫芦种子有节奏感的"停止—俯冲—高飞"的飞行非常有趣，看起来不仅像空气中充满了有着透明翅膀的蝴蝶，而且种子可以飞得很远。

实际上，滑行法在自然界中是很罕见的。大多数飞行的种子要么采用空中降落法，要么采用自转旋翼法。之所以罕见是因为平稳飞行是很难的，这使得翅葫芦种子更为特别。空气动力分析显示，种子上有飞行专家称之为上反角的东西，这样种子前端比后面部位略高，就可以保证稳定性，种子尾部边缘也向上翘

起，这样种子在突然停止、遇到气流或撞到枝叶时会重新飞起来。有着极轻的翅膀和低滑行角度使翅葫芦种子成为所有飞行种子中最富独创性的一种。

让人印象深刻的是飞行先驱们在翅葫芦种子身上获得了早期试飞的灵感。依果·斯瑞奇在 1904 年用竹子和帆布做成了翅葫芦形状的无尾滑行机。其成就了载人飞机的首次真正飞行。

随风奔跑的花

非洲灯台花是植物界中的蜉蝣，它们大多数时间都过着隐居的生活，只有在繁殖的时候才会短暂而华

上图：婆罗洲沙巴州的翅葫芦是一种爬树藤本植物，垂挂在它们的母体植物上。足球大小的果实内部充满了数百颗极薄的能滑行的种子。

丽地现身。在南非西开普省卡鲁地区一个奇特的栖息地中，生长着灯台花。就像这个地区很多其他植物一样，灯台花已经非常适应卡鲁具有挑战性的环境。这里常年高温，降雨量非常少，雨期也很短，且降雨大多在短暂的冬天或随着冬天的暴风到来。

冬天所见到的灯台花就是躺在地上的新鲜饱满的四叶灯台，它们就像是张开翅膀的巨大的绿色蝴蝶。但是在地下，葡萄形状的鳞茎正从树叶中汲取营养。这种有策略的食物储存方法使植物可以度过炎热干旱的夏季。

上图：开花的灯台花。这些花从地底深处长出来，并生长迅速，其大量出现是由于暴雨。黄昏时分，这些明粉色的花用花蜜吸引夜蛾授粉。

当短暂的春天过去，夏天来临，温度开始急剧上升，土壤被炙烤着，树叶也开始枯萎。现在，一切都要仰仗秋天的雨水，这些进入休眠状态的植物也急需一场疾风暴雨来帮助它们恢复到生机勃勃的状态。如果二月中旬降下暴雨，植物就会开始苏醒，差不多正好在这场暴雨之后的三周，土壤就会被花穗刺破，成百上千的花穗开始出现，显然，它们是同时出现的。

灯台花的花朵长得非常快，它们的生长速度快到好像在你眼前发生着变化。花骨朵开成深粉色的管状花，并簇拥成巨大球状，聚在一起就像是成百上千朵足球大小的粉色棒棒糖，它们有着极其漂亮但却看起来有点奇怪且不合时宜的色彩。这些狭窄的管状花以由浅渐深的粉色精心地排列着。它们对蜜蜂不太有吸引力，但是当夜幕降临时，柔弱的夜蛾会来吸食花蜜，并在这个过程中为花朵授粉。

炼狱般的高温使花朵在几周之内就枯萎了，但是如果花朵已经授粉，就开始形成种子。这些粉红色的"棒棒糖"变成干干的噼里啪啦响的种子皮。可以想象豌豆大小的种子被风一吹就出来。灯台花传播种子的策略要更高明一点，风确实在这个过程中扮演着重要角色，但不是简单地将种子从种皮中震出来，而是将整个根茎吹起，然后球状物随风流动，并和其他数十个球状物一起在开普山坡上传播种子。

在这短短的生长季节中，每一天都至关重要，所

上图：灯台花球变成随时滚动的种子传播者。

下图：成熟的种子。它们一触碰到土壤就开始发芽，在炎热的夏天来临前充分利用土壤里残存的水分。

以种子本身还要适应这里的地貌环境。这被园艺学家称为反抗者（它们不能被贮存），意思就是它们一接触到地面就开始发芽。在这种植物首次出现在地面上一个月之后，新一代的灯台花又开始了周而复始的生命循环。

有计算能力和诱惑力的捕蝇草

苍蝇的反应能力是所有动物中最快的——从准备到起飞只需要 20 毫秒，但是它们却沦为动作更快的猎手的猎物。植物的动作一般都很慢且难以察觉，但是捕蝇草的动作却非常快。

就像大多数食虫植物一样，捕蝇草要适应湿润的酸性环境，而在这样的环境下很难获得对生长非常重

上图：捕食夹紧紧地关闭，然后再次打开。当苍蝇连续快速地触碰两个绒毛之后，捕蝇草会收到一个化学信号，会马上关闭捕食夹。猎物被困，并慢慢被在捕蝇草分泌的酶溶解。一旦捕蝇草完成进食，捕食夹就会再次打开，昆虫的外壳则随风飘逝。

上页：致命的捕食夹子，上面有触发绒毛。苍蝇被分泌在叶子边缘的花蜜吸引，现在它至少已经触碰了叶子内部六个极其敏感的触发绒毛中的一个。这只苍蝇的大限已至。

要的氮气。和一般的食物链迥然不同，这样的植物成为捕食者，要从动物体内获得氮气。捕蝇草的捕食夹是一片叶子，这片叶子随着生长会发生神奇的变形。首先，叶子膨胀起来就好像充气了一般，然后从一侧裂开，叶片能像蛤蜊一样打开和关闭。继而两边开始长出绿色睫毛状的刺突，内侧的表面开始长出坚硬的薄薄的绒毛。这些绒毛就是能将捕食夹关闭的触发器。最后需要的就是诱饵：在叶子的边缘会长出一些小蜜腺，它能分泌出苍蝇无法抗拒的糖液。捕食夹已经准备好了，只需等待苍蝇送上门来。

正在觅食的苍蝇闻到花蜜的味道，然后渐渐靠近。为了能接近蜜腺，苍蝇要通过捕蝇草狭窄的入口。这样就会碰到捕蝇草的触发绒毛，但是这时陷阱还不会关闭。苍蝇会停下来，可能是为了清洁它的口器，然后向前移动一些，像平常那样快速连续摆动它们的绒毛。突然，捕食夹的入口处啪的一下关上了，像眼睫毛一样的刺突紧紧地闭合在一起。苍蝇无法逃脱出去，

当它挣扎时，陷阱会越来越紧，密闭形成一种叶状腔。接下来轮到植物开始进食。捕蝇草会分泌一种能将苍蝇消化的酶。苍蝇的体液被叶子吸收，最后只剩下了空壳。现在捕蝇草又重新设定捕食夹，并将苍蝇的体液吸收进捕蝇草的细胞内，然后将捕食夹入口处打开。最后一个令人毛骨悚然的动作就是将苍蝇的空壳"吐"出来。

统计绒毛被触碰次数可以避免误报。要两只绒毛快速连续地被触碰到才能增加捕到大小合适的昆虫的概率，而不是只捕到小蚊子，或遇到更糟的情况，如被静物碰到捕食夹。如果遇到一只小昆虫触碰到了绒毛的情况，那么捕蝇草还有一个大小过滤器。在捕食夹彻底封闭之前还有一个短暂的停留期，这使一些体形小的昆虫可以从刺突形成的格栅间爬出去。如果太小的猎物离开了，触动绒毛也没有再受到什么刺激，捕食夹会再次打开，重新设定。

这是获得氮的一种有效策略，但是有一个缺点，当捕蝇草开花时，是需要昆虫帮助授粉的。所以捕蝇草也需要同盟者，那么它们应该如何避免将这些昆虫吃掉呢？当捕蝇草开始开花时，就可以回答这个问题了。花儿长在捕蝇草长长的花茎上，离那些致命的入口足够远。授粉昆虫可以飞得高高地去觅食、授粉，而不会碰到下方的捕食夹。

第四章

富有创造力的昆虫

　　许多研究无脊椎动物的学者都认为——昆虫统治着地球。他们认为如今的"哺乳动物时代"是不真实的，而且从未出现过"爬行动物时代"。他们还认为昆虫时代开始于4亿年前，昆虫比哺乳动物和爬行动物出现在地球上要早得多，而且现在仍然存在于地球之上。虽然这个论点很难被证实，但是如果用数字来看，你会发现昆虫的数量和种类的确非常惊人，它们对自然系统的影响也是非常深远的。现在已经命名的昆虫大约有100万种，据推测大约有400万到4000万种昆虫存在。即使是最保守的估计，昆虫的种类也是哺乳动物的888倍。每个人一生中可能会接触到2亿只昆虫，每平方千米的居住地上有3亿只昆虫。昆虫在生态系统中所起到的作用是无法估算的，以蜜蜂为例，每个工蜂在花季会往返花丛百万余次。即使人们所收获的蜜蜂授粉的农产品只有几种，价值也能高达500亿美元。

　　昆虫的秘密在于它们的身体能够呈现多种姿态，在动物界中它们的行为是无与伦比的。它们如此灵活是有多种原因的，但首先是由于它们的骨骼——骨架并不坚硬，内部各个组织连接在一起，外部包裹着躯壳。外骨骼的主要成分是甲壳质——一种类似于塑料的聚合物，有着同样的可塑性，有时十分有弹性，有时又可以像金属一样坚硬。昆虫的柔软部位是可以重塑的，这样昆虫就可以用身体的某些部位作为武器。达尔文甲虫的大规模武器就是它们改造过的巨大的颚。螳螂的祖先应该是有正常的前腿的，但是现在

左图：一只南美大头蚁举着一只昆虫的头。这种昆虫有着绝佳的视力，能够快速追上猎物，用它们类似弹弓的有力的"铁"嘴抓住猎物。它们的头部能够像哺乳动物一样，从一边移动到另一边，十分神奇。

上页：一大群南非褐色蝗虫聚集在一起。当条件合适时，会有上百万只蝗虫繁衍出来，它们释放出一种传递信息的化学物质，使其由单一的个体迅速聚集为一大群。一周之内，它们会长出翅膀，给人们带来灾祸。

P66-67：一只雄达尔文甲虫。它们巨大的武器是由上颌或下颌骨改变而来的，用来将对手从枝杈上撬起或甩下。

的螳螂，前腿是肌肉十足类似钳铗的武器。昆虫的翅膀就是外骨骼折叠在一起。鼓虫的每只复眼，在水面上时都会分为两部分，以用来适应同时要看到水下和水上的生活。

能够重塑身体的昆虫一个最大特点就是一个生命周期的四个完全不同阶段的发展，就好像是四种不同的生物。在每个阶段中，身体只塑造成它们需要的样子。每种成分、每个动作都不是多余的，这样远比只有一个身体但却需要完成每件事有效率得多。例如，蝴蝶的毛毛虫阶段就是负责吃，不需要翅膀或是成年时的其他复杂的感官系统。它们就是食物处理器，在三周内体重会增加一万倍，通过迅速贮存足够的食物以成长。

能够使昆虫如此成功的另一个主要因素就是它们能够灵活地运用化学物质。各种各样的昆虫为了释放化学物质用于自卫，会发育出喷嘴、喷管等器官。昆虫也利用信息素之类的化学物质互相交流。雌蛾可能会有特别的伸长器官来释放性信息素，雄性则有着类似电视天线的复杂触须可以接收到几千米外的气味。信息素经常被群居昆虫利用，它们的栖息地有着上百万只同类。它们交流着食物的采集以及复杂的巢穴建造，它们集中在一起的目的就是为了在入侵者来临时能大规模地进攻。但是昆虫却有一个很大的局限。它们只能在小范围内活动。昆虫如果长到人类大小会需要一个特别厚重的外骨骼，这样它们的内部器官就没有多少空间了。昆虫将小体形变成一种优势，小体形消耗能量很少，因此当碰到很多资源时，它们就会

右图：一只小寄生蜂正用它巨大的后腿整理它的产卵器（产卵针），腹腔向后抵在翅膀上。大小只有 1.5 毫米的它刚刚从柬埔寨的螳螂卵中孵化出来，它会将自己的卵产到螳螂体内，在那里它们会长至幼年。

P72：圭亚那的孔雀纺织娘完美地展示了翅膀的另一个用途。平常状态下它的翅膀好像枯叶一样，但是遇到天敌的时候就会伪装起来，它们快速扇动那巨大的假眼一样的翅膀，这一举动足以吓退一只没有经验的鸟或蜥蜴。

集中起来。一个蚂蚁穴可能会居住着几百万只蚂蚁，一个蝗虫窝可能会有 500 亿只蝗虫。一对苍蝇在短短的两年内产下的苍蝇可以组成一个直径 8000 米宽的苍蝇球。不过如此恐怖的场景并不会出现，因为苍蝇的天敌会使苍蝇的数量减少。

讽刺的是可能由于昆虫的体形很小，导致人们认为它们不是世界的统治者。然而真正原因是它们的外骨骼决定了它们只能是这么小。

蜻蛉重要的一天

昆虫在 3.3 亿年前开始了在地球上的飞翔，它们已经统治了这块土地 7000 万年。现在，它们也控制着空中领域。由于它们的身体和行为能够随着新环境的改变而做出变化，由此它们开创了进化史上一个新的篇章。其他的动物也会牺牲一对肢体而演化成翅膀，但是昆虫的做法更有效率。它们的翅膀是从外骨骼的褶皱中产生的，可以变成各种各样的形状。

空中也像陆地一样是一个生态系统，昆虫的翅膀就像一个多功能的工具箱。这样昆虫就可以很快地从一个地方到另一个地方，它们的翅膀可以摆脱天敌，也可以使它们成为其他昆虫的天敌，翅膀也可以是多彩的，这样昆虫就可以给彼此发出信号。

蜻蛉和它们的近亲蜻蜓都是古老的昆虫，几百万年来几乎没有发生变化。它们完美地诠释了有翅膀的昆虫如何利用陆地和天空生活。蜻蛉在水下作为幼体生存约两年，长大后会变成一只有翅膀的成年个体，但仅仅存活几天。在天气差的夏季，成年蜻蛉可能只会存活一天，它们会在比较温暖的这一天产卵，繁衍后代。这是充满挑战和危险的一天。

铜色小蜻蛉居住在南欧的溪流处。科学家已经深入地研究了它们，它们的日常生活也被公之于众。清晨升起的太阳将聚集在成年蜻蛉身上的露珠烤干，它们的体温开始升高。这个时段很危险，因为小鸟会在草丛和芦苇间跳来跳去，会将它们吃掉。一旦达到能够飞翔的温度，很多蜻蛉通常会飞落在小树枝或青草上俯视着下面的溪流。从这里它们可以观察到它们以之为食的小苍蝇和蚊子——它们眼睛的反应速度比人类快 6 倍。

当蜻蛉起飞后，它们的加速率和空中移动的准确性在动物界中是最厉害的。它们会将 6 只鬃毛状排列的腿形成篮子状用来将空中的猎物扫进来。一些蜻蛉会在飞行时将猎物赶到蜘蛛织成的网上。这就是长大并能够生存下来的蜻蛉这一天主要的工作。

下图：铜色蜻蛉正密切注视着苍蝇和蚊子。这有可能是蜻蛉达到成年时温度足以狩猎的唯一一天，但是之前它们在溪水中作为幼体存活了两年，这两年是它们得到食物并成长的阶段。

雄性蜻蛉会建立领地来吸引异性。选领地的完美地点就是由水草包围的小植物。雄蜻蛉会落在植物上，用它们铜绿色的翅膀吸引雌性靠近，希望用这些优质的水草吸引雌性，雌蜻蛉可以在上面产卵。但是好的领地是很稀少的，因此会有其他的雄蜻蛉前来争夺。这时守卫领地的雄蜻蛉就会飞起来，它们的翅膀就好像旗子一样可以变换不同的角度，用闪烁的颜色将入侵者吓退。如果这招不管用的话，它们就会在空中分出胜负。双方都试图将对方推到水中，溺死对方也是经常发生的。

当守卫领地的雄蜻蛉观察到雌蜻蛉靠近时，它们的行为就大不相同了。雄蜻蛉会围绕着雌蜻蛉飞，它们的翅膀每秒可扇动 50 次，比平常快 3 倍，这样雌蜻蛉就可以感知雄蜻蛉的强壮。蜻蛉只在流动的水中繁衍，雄蜻蛉落在水上，从雌蜻蛉身旁飞过，向雌蜻蛉展示着它们完美的速度。如果雌蜻蛉接受了雄蜻蛉，它们就会扇动着翅膀一起飞到水草浓密的地方进行交配。

雄蜻蛉用腹腔末端的卷须紧紧地抓着雌蜻蛉的头后部。然后雄蜻蛉将腹腔弯成一个环状直到腹腔的前部碰到底部，将那里的精子包转移出去。雌蜻蛉将腹腔的前端弯曲，将精子包接住，这时它们的身体呈心状。但是在雌蜻蛉获得精子前，雄蜻蛉会刮擦雌蜻蛉，将雌蜻蛉之前的配偶留在它们体内的精子清除掉。其他潜行的雄蜻蛉会攻击它们，试图将正在交配的雄蜻蛉赶走。雄性之间会相互刮擦和撕咬，将对方的一部分翅膀或者是整条腿撕下来。

对蜻蛉来说，更大的危险潜伏在水下，因为青蛙最擅长捕捉正在交配或产卵的蜻蛉。青蛙从水上发起进攻，迅速地伸出叉状舌头将蜻蛉从空中拖拽下来。

如果一对蜻蛉能够躲过鸟类、蜘蛛、青蛙和其他蜻蛉的残害，那么它们就可以产卵。雌蜻蛉会落在树干上然后回到水中，雄蜻蛉就在附近保护它们。雌蜻蛉整个身体都潜进水中，薄薄的一层空气气泡包裹住它们，使它们看起来是银色的，然后它们用产卵器割开植物的茎叶，并开始产卵。

产卵完成后，雌蜻蛉就会顺势漂浮在水上，可能会由于翅膀粘在水面而飞不起来，这时它们的处境非常危险，随时有可能被水下的龙虱和划蝽攻击。无论是设法逃脱，还是活过另一个充满挑战的一天，它们活得足够长了，已经产下自己的后代，这些后代最终又会产下更多短命的蜻蛉。

携带化学武器的"战士"和尖叫的老鼠

无脊椎动物中更值得注意的是那些成为"行走的化学武器"的昆虫。它们的外骨骼进化，产生脊椎、毛管、毒刺、能够旋转的喷射器等，这些都能够喷出一些令猎物相当不舒服的物质。有时候它们喷出这些右图：从近处捕捉蜻蛉。青蛙是成年蜻蛉的头号天敌，蜻蛉在忙着交配或产卵的时候，青蛙就用能伸缩的舌头抓住它们。

下图：一只雌铜蜻蛉。雌蜻蛉的体形和体重都比雄蜻蛉要大，它们的腹腔里孕育着成百上千只卵。在腹腔末端是一些能在植物茎叶上挖洞的"利齿"，然后蜻蛉会开始产卵。

上页：成年蜻蛉存在的高潮就是繁衍。雄蜻蛉抓着雌蜻蛉，同时用它们腹腔的前端打开、取出精子包，将其放在腹腔的小袋中，雌蜻蛉就可以从这里取出精子。

物质是为了自卫，有时候是为了降服它们的猎物。

它们的化学武器的使用范围相当广泛，并让人惊讶。蚂蚁能释放蚁酸；投掷手甲虫身体内部有着化学工厂，非常神奇，能够准确定位目标，射出沸腾的液体；罗诺弥亚毛毛虫有着很强大的抗凝剂会使人致死；竹节虫能喷射萜烯；蜘蛛能吐出毒液。这样的例子还有很多很多，但是就全面性来说，很少有昆虫能赶得上蝎子。蝎子并不是昆虫，虽然它与昆虫关系密切，蝎子也有外骨骼，也会使用有神经毒素的毒液征服猎物，这些神经毒素能够影响猎物的神经系统，导致其瘫痪。有些蝎子并不对人造成影响，但是一些其他的蝎子，例如致命毒蝎是可以导致人死亡的。在抗毒素发明以前，在美国南部和墨西哥地区每年都会有一千人因致命毒蝎而死。

尽管蝎子的视力很差，但是它们有很多其他的感官能够准确定位猎物或者确定危险的方向和距离。蝎子有两个器官能够触到地面，跟踪气味的运动轨迹。蝎子腿部的听毛或跗节毛能够感受到地面的细小的震动，以帮助它们感知到猎物或危险的距离。前触肢上特别的毛能够感知到空气中物体的运动，从而准确判断物体的方向。蝎子尾部的毒针能够任意挥动，戳向它们的天敌或猎物。毒针前部从食物中获取的金属锌和锰能够使猎物刺穿坚硬的表皮和角质层，然后射进毒素。

大多数时候蝎子看起来好像都是所向披靡的，但

在美国西南部的夜晚，蝎子就会碰到上它们的劲敌，这个劲敌既没有毒，也没有盔甲在身，是体重仅为14克的蚱蜢鼠。蚱蜢鼠是沙漠中最凶残、行动最迅速的捕食者，它们和沙漠毛蝎子之间的战役，是沙漠地区规模最大的战斗，和非洲平原上可能发生的任何事情一样，非常具有戏剧性。

蚱蜢鼠有着一些非常不像老鼠的特点。它们食量很小，但无肉不欢，从蚱蜢、甲虫到蚂蚁和蝎子，都是蚱蜢鼠的盘中餐。它们需要保卫它们赖以生存的相当大的领地，所以必须要非常勇猛。它们会蹲坐在后腿上，扯开嗓子发出刺耳的尖叫声。这个声音能传200米远，可以到达它们领土的最远边界。这种声音既用来警告妄图侵入领地的外来者，又用来吸引异性。

捕食时，蚱蜢鼠采取的策略和大型捕食者一样。先跟踪猎物，然后突然蹿上去，一口咬住头部，猎物就无法动弹。大多数猎物很快就会屈服，但沙漠毛蝎子并不会马上束手就擒。

面对蚱蜢鼠的进攻，蝎子将毒针高高地竖起来，然后凶猛地刺出去。蚱蜢鼠就像拳击手一样后退闪避，摇晃着迂回前进。当蚱蜢鼠要撤退时，蝎子的毒针才会有停下来的意思，毒针会划过蚱蜢鼠的头部和身体，并不会造成伤害。

有时蝎子暂停攻击，这时蚱蜢鼠就会抓紧时间进攻。毒液可能会导致蚱蜢鼠疼痛，但并不是致命的，

因为蚱蜢鼠对一些蝎子的毒液是有抵抗能力的。可能这种抵抗力一部分是天生的，然后在它们同蝎子的战斗中，不断进化。这使蝎子非常被动，因为它们无法依靠它们最主要的武器取胜。它们所能做的就是让蚱蜢鼠无法接近，但是蚱蜢鼠有专门的策略来对付蝎子。蚱蜢鼠尽力抓住蝎子的毒针根部，而不是直接进攻头部。蝎子也毫不示弱，它们之间的这场战斗几乎是势均力敌的。一旦蝎子出现疲态，蚱蜢鼠会马上抓紧机会，将蝎子的毒针咬掉。如果遇上非常强壮的蝎子，这场战斗可能会持续很久，最后可能蚱蜢鼠会撤退。

蝎子已经生活了至少3亿年，它们的形态基本没有发生变化，这也证明了它们的毒针是一种非常有效的防御手段，即使是蚱蜢鼠这样比较特别的天敌也可以对付。

上图：肉食动物蚱蜢鼠，发出尖叫声用来警告对手。连装备十足的蝎子都对其退避三舍。

下图：蚱蜢鼠正在跟踪一只沙漠毛蝎子。它的目的就是咬掉蝎子充满毒液的毒针，然后将其杀死。但是蝎子很聪明，对蚱蜢鼠的目的了如指掌。蝎子挥动着毒针，要刺进攻者。蚱蜢鼠对毒液有抵抗力，但是蝎子的反攻让它们进退两难。

兢兢业业的母亲最后的付出

哺乳动物和鸟类之所以能成功，一个主要的原因就是它们在养育后代的事情上所耗费的时间和精力。而昆虫采取的是最基本的方法——产下卵后，弃之不顾。它们依靠产卵的数量取胜，在成百上千只卵中，只有少数的能够长大。在一些非常艰难的条件下，能存活下来的估计更少。这个时候昆虫就会采取耐心抚养的措施，这也体现了昆虫行为上的灵活性。通常这种抚养是短时间的，只有很少的昆虫在抚养后代时会达到哺乳动物的程度。

其中一种昆虫栖息在日本南部九州岛的森林中。它就是身上有着鲜艳的红色和黑色的朱土椿。对这种昆虫的描述首次出现于 1880 年，它们只做了 100 年默默无闻的小虫子，然后就以令人惊讶的复杂生命史为大家所熟知。它们的食物范围非常小，主要是铁青

下图：日本的朱土椿集中在一起形成一个很大的红黑色团状，仿佛在告诫它们的天敌：这个东西味道不怎么样。当抚养小朱土椿的时候，雌虫会停止团队合作，而且会从其他的雌虫那里偷取食物。它们也可能为了整个朱土椿群落的发展而做出最后的牺牲——把自己的身体作为食物给小朱土椿吃。

树科中的一种树的肉质果或核果。这是导致这种小虫子生活方式的复杂性的原因。

这种虫子主要依靠落下的核果为生。核果什么时候落下要取决于天气状况，只有百分之五的核果会在合适的条件落下并被这些虫子吃掉。好像还嫌不够麻烦似的，树又给这些虫子提供了另一个挑战。雌虫计算好产卵的时间，所以当它们的宝宝孵化的时候恰好是它们赖以生存的核果掉落的时候。雌虫给孩子找的藏身地点是落叶层中留下的天然空隙。但是铁青树的叶子掉落的时间并不相同，所以果实掉落的地方是暴露的。因此，朱土椿妈妈必须找个离果实掉落 12 米远的地方做窝。如果朱土椿和其他昆虫一样，让它们的孩子自己爬行很远找食物，小朱土椿就会暴露在空地上，这很有可能会被天敌吃掉。所以朱土椿妈妈别无他选，只能替孩子们觅食。

雌虫会和卵待在一起，保护它们，主要防止土鳖虫的捕食。如果土鳖虫靠近它们的窝，它们就会将翅膀抵在身体上，发出划擦的声音，同时将背部朝外形成一个屏障。如果这样还无法吓退土鳖虫，它们就会带着自己的卵逃跑。这种保护行为很平常，其他的朱土椿也会这样做。但是当卵孵化时，就会变得很有趣。朱土椿妈妈必须找到核果，在长途跋涉到达树下时，它们可能会花费几个小时找到它们心仪的核果。它们会将口器伸进核果中，将其拖走。这是一项很艰巨的任务，因为核果的重量是它们所能负荷的重量的三倍。然而很不幸的是，它们的艰难坎坷才刚刚开始。因为心仪的核果很少，所以雌虫需要攻击那些找到核果的朱土椿，而不想自己浪费时间去寻找核果。拖着核果的雌虫可能会遭到六七只雌虫的攻击，导致一场场的拉锯战。即使是胜利者，也很发愁如何将核果拖回它的窝里。不管它们在外面的行程如何曲折，它们总是能按照直行的路线回到窝中。它们通过记住上面树荫的可视标记，将它们作为地图，从而找到最短的路线。

下图：朱土椿妈妈不遗余力、毫无保留的爱。每天，它们都要外出寻找完美的核果来喂它们的孩子。核果可能离它们的落叶层巢穴有好几米远，而且重量是它们体重的三倍。它们必须将每个核果拖回窝里，还要在半路上防止其他的雌虫抢走核果。

看到新核果，等在窝里的小朱土椿蜂拥而上，但是这个核果很快就被消灭了。随着小朱土椿的成长，朱土椿妈妈必须不断地提供新的核果。要成功地抚养一窝幼虫，需要 150 枚核果，每一枚都来之不易。然而并不是每个雌虫都是如此兢兢业业地工作，它们会从其他窝中偷取核果。在一些年份，好核果比较少的时候，有的窝没有辛勤劳作的主人保护时，这些雌虫就会从这些窝中夺取核果。

如果雌虫能克服这些困难，它会给它的孩子提供充足的食物，直到它们能够独立。但是小朱土椿还有着自己的"小算盘"。当它们发现自己的妈妈无法给它们带回充足且质量好的核果时，它们就会离开原来的窝。它们会找到一个新窝，在这里更成功的朱土椿妈妈会提供给它们足够的核果。即使这让它们的工作负担加倍，这些新妈妈还是会欢迎这些新来的小朱土椿。这看似减轻了它们的生母四处不断寻找核果的负担，但是这些妈妈们仍然像原来一样四处寻找食物，并将未吃过的核果堆积在空窝中。但是养母的结局更悲惨。好不容易将这么多的小朱土椿抚养到它们能够独立，它们却恩将仇报。养母，就是小朱土椿离开巢穴前的最后一餐。

内陆的蜜蜂——争强好斗和投机倒把

很多昆虫由于自身身体健壮和极适应环境的生活方式可以在最恶劣的自然环境下生存发展，但是这也意味着为了生存它们必须采取一些不寻常甚至是很致命的策略。

无论从哪方面看，澳大利亚西部地区都是非常偏远且自然环境非常恶劣。在通向海岸的半路上有一个广大的地区——肯尼迪山脉地区，那儿砂石岩石的化石成分显示这里原本是一个浅浅的海底盆地。随着时间的推移，这里逐渐上升，西部地区变成一个很大的高原，继而又被侵蚀成现在峡谷的样子，岩石表面的形状五花八门，令人眩晕。山脉的东部是一片险峻的不毛之地，即使是和澳大利亚的西部地区相比，这里也是很偏僻的，并且远离文明之地。但是这里的一些昆虫细微的活动却弥补了地貌上的不足。

这个地区最显著的特征是红黏土小罐——下雨时在低洼处形成的小水塘。水分蒸发后，留下类似平滑的台球桌似的黏土。行走的袋鼠或鸸鹋有时可能会在这黏土结成石灰般坚硬之前在表面上留下脚印。一些小罐呈圆形，有一些则缩进去，很像一些国家的外轮廓。这里没有水源，没有植被，甚至没有躲避太阳的阴凉处，成了整个肯尼迪山脉最荒凉最不适宜居住的地区。

但是在一年中最炎热的一段时间，成百甚至上千只小金字塔在小罐中形成。从近处可以看到很多白蜜蜂嗡嗡地飞。经常可以看到一只白蜜蜂绕着小金字塔盘旋，突然又从视野中消失，感觉这里就像是繁忙的

> 下页：雌蜂最后一次离开窝，不久就会死亡。所有地下洞穴旁边的出口都被封上了，每个洞穴里面都是一些食物和一个卵。
>
> 下图：雌道森蜜蜂返回它黏土罐的地下巢穴中。它的目标就是将每次采来的花粉和花蜜贮存在地下洞穴中，每个幼虫靠此为生，并长成成年蜂。

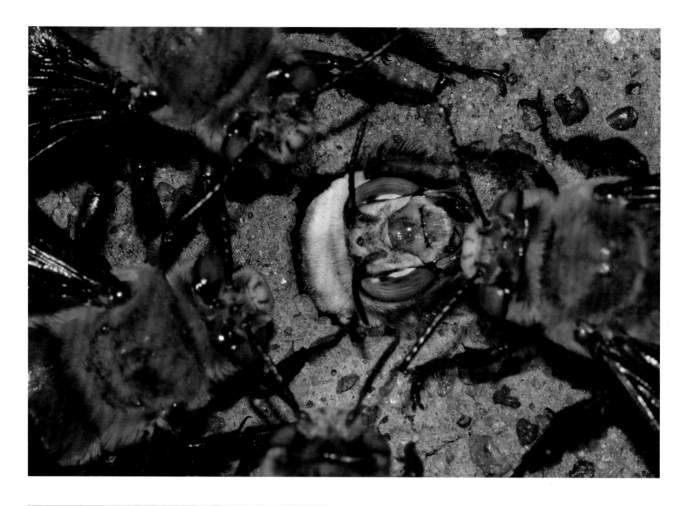

上图：一只正要从地下洞穴钻出来的雌蜂（有着白色的头部），周围是一群准备抓住它的雄蜂。雄蜂先从地下出来，然后再从雌蜂往外挖黏土的过程中嗅出它。

直升机场。这些小金字塔就是澳大利亚最大最漂亮的一种蜜蜂挖掘地下洞穴堆积而成的。

生活在这里最不确定的一个因素就是需要极端的生存手段。蜜蜂已经发现了一个在炎热的土地上挖洞的聪明办法。它们从哈克木、角百灵和北部野风信子上采集花蜜堆在这里，用蜂蜜软化黏土，这样就可以挖下去。雌蜂向下面和侧面挖洞穴，形成有分支的洞穴网。然后它们采集花蜜和花粉，贮存在辅洞底部。每只卵都被孵化在每个窝尾端的泥土堆上。用来孵化

的窝被封上后，雌蜂的工作也就完成了。卵先变成一只幼虫，依靠这些储存的食物为生，下一个季节则会孵化成蜜蜂。

道森蜜蜂几乎能够以百分之百的准确率找到自己的小金字塔，这有可能是它们记住了窝附近的一些小景物。但是偶尔也会搞错，于是就会出现半空碰撞事故，蜜蜂进入到错误的洞中时会引发短暂的领土争端事故。它们并不像其他类蜜蜂一样进行社交。这些小罐就像是它们来来往往的居住地，这些居住地的主人都十分繁忙，没有时间和它们的邻居交往。但是这个和谐的"蜜蜂大都会"的建立确实相当不可思议——每一个建造者都是雌蜂。这个故事的起因很暴力。

雄蜂比雌蜂早一到两个月从地下洞穴钻出来，这

个时候挖的地下黏土小窝还很完好无缺。这些雄蜂有的大，有的小。它们依靠花蜜为生，然后不同体形的雄蜂会采用不同的策略。较大的雄蜂在窝边巡逻，较小的雄蜂则消失不见。

终于，雌蜂开始在地下产卵，并挖掘通往地表的通道。在雌蜂挖出一个通向地表的小口时，附近的雄蜂就可以发现它。雄蜂会降落到出口处等着雌蜂出来。如果运气不错的话，其他的雄蜂可能会在其他地方忙碌着，但通常其他忙碌的雄蜂也会很快赶来。雄蜂之间争抢雌蜂的竞争非常激烈，通常第一个到达的雄蜂会尽量倒退飞行以阻止新来的雄蜂。但是如果最先到的那只雄蜂被包围后，其他的雄蜂就会紧跟着降落下来，这只雄蜂别无他法，只有奋起反抗。

> 上图：一场围绕一只雌蜂而进行的激烈争斗。雄蜂之间的竞争非常激烈，在争斗的过程中，一只从地下洞穴中爬出的雌蜂很有可能被捉住，然后在斗争中意外死亡。

在动物世界中，同物种的生物很少会在打斗中将同伴杀死，但道森蜜蜂却并不遵守这个规则。雄蜂之间互相争斗，在黏土上滚来滚去，所用的武器就是它们的针和强有力的颚。一只雄蜂很有可能会被凶猛的同类进攻、击退，或者受重伤甚至被杀死。如果竞争的雄蜂很多，会有十多只蜜蜂加入到竞争的行列，它们会扭打在一起，不分青红皂白地攻击彼此。每只雄蜂都尽力使自己在雌蜂爬出来时处于洞边的优势位置，这样就可以将雌蜂拖出洞，并在灌木的掩盖下进

行交配。但是如果争抢的暴力事件失控，雌蜂也会被卷入其中，很有可能被当作一只雄蜂被杀死。

然而，并不是所有的雄蜂都是采取暴力手段的。较小个的雄蜂并不适合参与争斗，它们会采取偷偷摸摸的策略。小个的雄蜂会潜伏在洞的边缘处，远离打斗的战场，等待幸运的降临。当大个的雄蜂忙于打斗时，而这时雌蜂恰好就可以逃脱。然后小个雄蜂会趁机抓住雌蜂，并与其交配。

这样的生活很艰难，要保证每只雌蜂都被交配到，以最大限度地增加后代的数量，这是很重要的。繁育出不同大小的雄蜂是保证做到这点的最有效的方法。雄蜂的大小是由前年产卵的雌蜂决定的。产卵季节早期，食物很充足，雌蜂会在它们通道的尽头挖个较大的球状洞，然后在这里贮存大量的食物。这样就能保证孵化出大个的雄蜂。但在后期随着食物供给的减少，雌蜂就会将洞挖小一点，贮存的食物就少一些，这样出现的雄蜂就会小一些。

沙漠是变化无常的地方，尽管蜜蜂有着很多的生存技巧，但是它们的生存仍充满危险。当地的干旱可能会导致洞周围用来采蜜的花干死，或者蝗灾会毁掉很多植物。这样雌蜂就不得不分散在沙漠中，希望找到周围有花的洞。蜜蜂的数量会减少，直到环境改善后它们的数量才会增加。

阿根廷蚁穴

从阿根廷北部巴掌形的草原航空图上可以看到，很多白色的大圆盘随意散落在地上。状似小路的线从各个圆盘辐射出去，或是连接起几个圆盘。我们记忆中的城市夜间卫星图就是这样的：城市因光污染而发出耀眼的光，而城市间则由繁忙的道路连接着。这样的对比很明显，因为每个白圆盘里都可能住着700万居民；它们收获土地的产物，通过现有的道路运输补给到巢穴中。它们就是切叶蚁，它们的蚁巢呈现白色。

群居是昆虫进化的高峰，也是动物能够和城市的复杂与规模相匹敌的最接近的形式。蜜蜂、黄蜂、白蚁，当然还有蚂蚁，都是群居昆虫。它们能取得这样的成就原因众多，其中包括它们外骨骼的柔韧性和它们自身所特有的化学物质。

对于阿根廷蚂蚁来说，它们庞大的领地需要源源不断的养料供应，也就是草。这就是柔韧的外骨骼发挥作用的时候了。外骨骼使得这些物种可以以多种形式存在，用以适应不同的工作，包括巨大的蚁后、工蚁以及拥有巨大的头和锋利牙齿的超大型工蚁。蚁后待在领地中产卵；而庞大数目的工蚁则需要在湿季的每一天和干季的晚上，沿着它们的路径行进到周边的草原。拥有锋利牙齿的工蚁爬到草的茎干上，将其切

上页：真正的交配。一旦雄蜂抢到雌蜂，雄蜂就会将雌蜂拖到洞的边上，在植被的掩盖下与其交配。

右图：切叶蚁拖着叶子向蚁穴行进着。在"厨房"，真菌会把这些叶子转化为食物，供约700万只的蚂蚁食用。

下来。这些被切割下来的部分被倾倒到地上，由小一点的工蚁去收集。它们竖直地擎着茎叶，沿路返回，就像是罗马部队方阵举着长矛的战士。第一组去捡茎叶的蚂蚁并不将其一路带回巢穴，相反，它们带着这些茎叶走一段路，然后将其丢下，由接替的下一组蚂蚁再捡起来。这看似效率低下，因为这样每片叶子到达巢穴的时间比由一只蚂蚁一路带回去的时间要长。但是这样做，实际的运输速度可能会更快，而且也增加了蚂蚁之间交流的机会。一个大的领地一年要收获500千克草的叶片，这使得这些蚂蚁成为这片土地上主要的食草动物。

不通过语言而有效地协调如此多的个体看似是个不可能实现的任务。而实现这一任务的关键就是昆虫分泌化学物质的能力。当在干旱季燃起的大火所产生的烟雾遮挡了行进中的蚂蚁的路线时，蚂蚁合作收获的方法就显现出来了。这些蚂蚁立马放下草叶，不是跑回巢穴这个安全的地方，而是漫无目的地乱转。烟雾干扰了它们的信息素——它们用以沟通的化学物质。每只蚂蚁爬行时都会留下一路信息素，告诉其他蚂蚁方向。大量信息素的出现就表示很多蚂蚁都走了这条路，那么这里的草一定丰盈。当信息素被烟雾扰乱，数以百万计的蚂蚁那令人称奇的秩序就变得乱七八糟了。但这是一个非常简单的系统，一旦烟雾消散，整个系统就又会恢复，重新运行。

蚂蚁不能直接食用草，而是将其运到地底下的特殊房间内。在那儿，拥有锋利牙齿的工蚁将其切成小块儿，然后塞到白色绒毛状的真菌球中。真菌分解叶子，并利用这一过程中释放出的营养物质生长。蚂蚁唾液中的一种抗生素阻止任何其他种类的真菌生长。蚁后在真菌种植地中产卵，幼蚁以真菌为食；真菌也是大部分成年蚂蚁的食物。蚂蚁和真菌相互依存，缺一不可。但真菌除了为其孕育生命以外，也对蚂蚁产生最大的威胁。在分解草叶的过程中，真菌会释放出大量的二氧化碳，而高浓度的二氧化碳对蚂蚁来说是有毒的。为了解决这一问题，蚂蚁建立起一套通风系统：巢穴顶上建造起竖直的管道，连接巢穴内部与户外。其中最大的管道建在中央，这样，当风吹过它们的入口时，富含二氧化碳的空气就被吸出去了。较小的管道建在巢穴边缘，新鲜空气经由管道进入巢穴内部，保持巢内空气清新。

巨大的巢穴就像是个堡垒。即使是巨大的食蚁兽也别想进去。但是行进在路上的蚂蚁却会招致各种不同的杀手。体形娇小的蚤蝇像战斗机一样在蚂蚁的路径上巡逻。五种不同的山间飞行者也会攻击蚂蚁。其中一种会猛扑过来，用不了一秒钟，就在一只蚂蚁上产下一个卵。那个困惑的被攻击者，牙齿突然张开，只是身体僵硬了几秒钟，其实，定时炸弹已经埋下了。攻击者的卵虫会孵化成幼虫，钻进蚂蚁体内，从内部吞噬它。

世界上最大规模的"翩翩飞舞"

帝王蝶穿越北美的迁徙是自然界中的一大奇观。这么远的距离对这样一个小生物来说似乎太长了，然而，蝴蝶迁徙这件事确实有力地证明了昆虫有能力做一些非常极端的事情。

帝王蝶正是因为这样的反差才引起了如此大的反响。它们的翅膀呈亮橙色，有着黑色的翅脉，翅膀周边是白点黑边，很像彩色的玻璃窗。这种华丽的外表说明这种蝴蝶身体外表有有毒的强心甾——这是一种不太好闻的化学物质，能让帝王蝶的天敌呕吐。然而人类探索帝王蝶的故事却由此开始。

几百年来，北美的观察家观察到这些蝴蝶在秋天会变得焦躁不安，它们会在一些意想不到的地方聚集好几天，有时数量很多，主要以花朵为食。然后它们就消失了，直到第二年春天才会出现。1885 年冬天，自然学家约翰·汉米尔顿曾碰到过一大群蝴蝶在新泽西布瑞干丁停留。他曾估计过这群蝴蝶能够形成一个 4000 米长、366 米宽的队伍。西方科学界一直在探索这个问题：它们要飞往哪里？

专家于 1975 年在墨西哥发现这个现今十分著名的冬眠地。但是在欢欣鼓舞和惊奇之余，人们又意识到这已经不单单是起初困扰西方科学界的问题了。在又一次迁徙结束时，墨西哥米却肯州普勒佩查的印第安人也发现了同样的问题。

每年的十月和十一月，他们会看到这里一些宁静的山区里充满了成千万甚至是数十亿的帝王蝶，它们集体振翅时就像是暴风中的树叶。普勒佩查人称之为死者灵魂的回归。但是二月份来临时，这些蝴蝶就会消失。他们很想知道这些蝴蝶到哪里去了。

所以当美国的自然学家于 1975 年 2 月登上海拔 3050 米的米却肯山，成为首位看到世界上最壮观的蝴蝶大集合的西方学者时，他对于这一个问题，给出了两个答案。他会告诉普勒佩查人它们已经向北飞去，它们要产下好几代这种北飞的蝴蝶。

最后这些墨西哥帝王蝶的好几代重孙飞到 4830 千米远的加拿大南部地区。西方科学界解开了这些南巡的帝王蝶在得克萨斯的格兰德河南部的消失之谜。科学家将这里的冬眠之地称之为自然界的第八大奇迹，但这对普勒佩查人来说却是算不上什么。因为他们从未离开过这个地方，因此这些对他们来说都是司

上图：过冬的成年帝王蝶在冬日的阳光下取暖，在森林中的小水池饮水。一些蝴蝶会在喝水时被挤到水中溺死。

下页：一大群蝴蝶聚焦在森林里一处阳光灿烂的地方。

片的小生命竟然可能穿越草原、沙漠、山谷甚至是城市来到这个遥远的地图上的小位置时"感到十分惊奇。毕竟，在这之前不久，人们认为蝴蝶会迁徙的观点是很荒谬的。英国的自然学家认为岛屿上一些零星分布的蝴蝶一直原地生长。但在对帝王蝶的这一举动进行了充分的观察后，专家们最后终于相信帝王蝶迁徙是一件很正常的事情。

第二次世界大战有证据可以证明此事，人们曾发现一大群帝王蝶飞过英吉利海峡，飞往肯特郡。人们对第一次世界大战的有毒芥子气仍记忆犹新，于是政府要求对这些黄色物质进行记录。这团"云"移动过来，人们发现只是一群黄色的蝴蝶在进行著名的北飞迁徙，才彻底松了一口气。山区森林对于热带蝴蝶来说似乎并不是一个避寒的理想去处。但是帝王蝶却来到墨西哥避寒，当春天来临又长出新的乳草时，它们又会向北飞。它们需要较低但又不能太低的温度冬眠。它们所选择的冬眠地点，在海拔正好是 3050 米高的地方，这个高度很适合它们。树冠既充当了覆盖层，又充当了保护伞。当太阳照进森林时，树冠可以使森林保持较低的温度，又可以使森林在夜晚不是特别寒冷。如果帝王蝶被雨淋到就很容易冻僵，而树冠还可以让它们保持干爽。

这些冬眠地可以完美地使帝王蝶躲过要面临的寒冷天气，但是偶尔也会出点差错。在一场大雪中，帝王蝶被大雪从树上砸昏在地，或是成百上千只蝴蝶挤在树枝上，将树枝压断。林地上，这些蝴蝶被打湿，然后冻僵。大概有 2500 万只蝴蝶死在了 2002 年 1 月那场持续 12 天的暴风雪中，它们的尸体覆盖在地上将近 3 米厚。幸运的是这些蝴蝶的生命力很顽强，在一个适合的产卵季节里，它们的数量又会恢复到一个安全的范围内。

然而，帝王蝶最近遇到的一个最大威胁就是我们所熟知的森林砍伐。这使得给蝴蝶充当保护伞的树冠

空见惯的。

世界上很多地区的热带区域都可以看到帝王蝶的身影，这很容易造成各个地方的种群形成了这一大规模迁徙的假设。但是只有一种蝴蝶——北美洲的蝴蝶要迁徙。这是为什么呢？这个答案要从蝴蝶的历史中寻找。最开始帝王蝶和它们的幼虫要吃的乳草植物只有中南美洲才有。但是在 2400 万年前，乳草植物迅速扩展到北美洲，在沿途的扩散中增加了抵御霜冻的能力。蝴蝶也跟着这种植物一路向北，但却没有锻炼出抵御霜冻的能力。因此恰好在每年秋天，这个大陆的帝王蝶在冬天来临前往南迁徙。在太阳光和磁力的双重指引下，大多数的蝴蝶会找到它们在墨西哥栖息时的同样树种，在这儿，它们的祖先已经生活了成千上万年。

弗瑞德·厄克特是该冬眠地的发现者，当他第一次看到这些"如此脆弱，在风中有可能都会被撕成碎

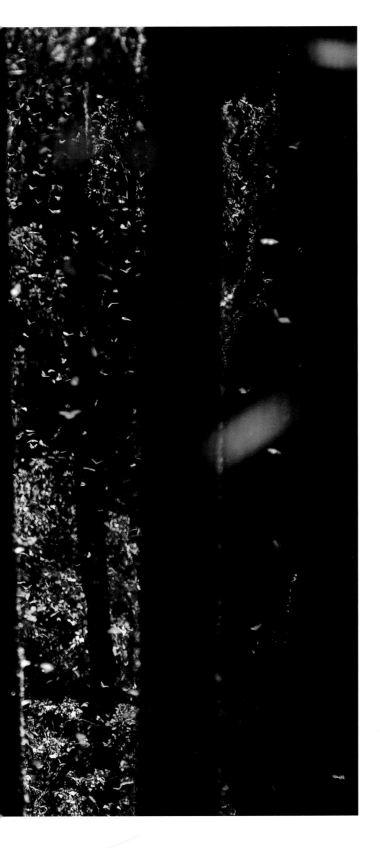

减少，帝王蝶很容易就暴露在雨中和寒冷的空气中。于是官方正式颁布总统令来保护这块冬眠地，但是法令执行起来却很困难。情况很复杂，和当地人民的协商出现了问题。当地人需要依靠这片林地维持最基本的生活，当他们长久以来拥有的森林不再属于他们时，他们有一种被剥削的感觉。情况已经到了非常严峻的时刻，如果不立刻找到一个解决措施，这片神奇的冬眠地将不复存在。如果这片土地能够得到很好的保护，那么会有更多的人见识到肯尼斯·布鲁格在1975年看到过的非凡景象。这个专家写道："森林中那么多蝴蝶，使森林里的黄色都多于绿色了。"即使是在这件事情背后有点不如愿：肯尼斯是个色盲。

靠眼柄实力说话

动物王国中，大小至关重要，尤其是对雄性突眼蝇来说。这些苍蝇由蛹生长而成，在还是蛹的时候，就有着小小的、扁平但柔软的眼柄。但是在几分钟之内，它们会将空气挤进眼柄中，眼柄变得越来越大，幅度甚至会超过它们身体的长度，30分钟后，它们的角质层变硬，眼柄也会变硬。

这种苍蝇生活在亚洲的雨林地区，白天它们会在腐烂的植被表面寻找酵母菌和细菌等作为食物。眼柄末端那大而宽阔的眼球在它们寻找食物方面似乎并不能提供什么优势。但是在晚上，它们的眼睛就会真正地发挥作用。

当光线变得暗淡时，突眼蝇会飞回到它们夜间栖息的地方——暴露在外的植物的细根，细根垂在被侵蚀的雨林溪流的岸边，突眼蝇用它们神奇的视力在森

左图：在温暖的一天，这块领地开始复苏。帝王蝶所面临的最大的自然威胁就是极冷的天气和冷锋带来的湿气。但是砍伐森林这片庇护所对它们来说是更大的威胁。

林飞行中躲过蜘蛛网和其他危险。一夜又一夜，每只突眼蝇都会返回到这个栖息地休息，有的会持续数月。

每个夜晚，雄蝇都会争夺它们妻子的控制权。最大的雄蝇第一个到达，然后随着夜幕降临，雌蝇和其他小个的苍蝇也会出现。雌蝇在选定它们心仪的对象之前，会飞在不同的雄蝇之间。它们的首选就是有着

下图：一只雄性突眼蝇（下面第二只）和它的妻子们停留在小根须上。

下页：具有同样眼幅宽度的雄蝇，当然它们的身体大小也很相似，在这场仪式战中比拼，以决定和雌性的交配权。其中一只将前腿伸出并站起来示威，另一只却蹲下，用它的腹部在细根上敲打。

最大眼柄的雄性或体形较大的雄性。这样的雄蝇所拥有的雌蝇多得达到十来只。大个的雄蝇还会在细根上飞上飞下，用它们的腹部敲打细根，身体随着摇来摇去。这个壮观的表演通常会吓飞一些小个的雄蝇，有时这些最小的雄蝇会躲在雌蝇中间，似乎想要冒充雌蝇。

与此同时，大个的雄蝇也摆好了架势。一只突眼蝇的大小和它们的眼幅的大小有着密切的联系，所以这些雄性竞争对手会很快地比较出大小。只有差不多眼幅大小（因此它们的身体大小也相似）的雄性才会决一胜负。但是这是一种高度仪式化的比拼。

雄蝇将它们的眼睛并列平行放在一起，伸出前腿来怒目而视。然后它们飞起来将翅膀展开，下蹲，腿弯曲又伸开，然后用腹部敲打细根，之后反复这个动作，它们伸开前腿，瞪视着彼此作为威胁。冬天，通常较大个的雄蝇会在将失败的雄蝇赶走时，一遍又一遍地重复着这个壮观的表演。如果两只雄蝇在身体大小上不相上下，这个表演会持续 20 分钟，这通常会升级为两只雄蝇用它们的前腿进行打斗。一旦它们扭打在一起，就很难分开彼此，而这样的扭打赛可能会导致它们的腿或者眼柄受伤。因此仪式化的展示是解决争端最安全的方法。

占主导地位的雄蝇将小个雄蝇从细根上驱逐后，可以长舒一口气。早晨就不会再有要对付的雄蝇出现。当第一缕晨光出现时，突眼蝇就开始飞动，接下来就是一场激烈的交配。在第一缕阳光出现大约一个小时之内，雄蝇试图在它们飞散之间和它所有的妻子进行交配。雄蝇紧紧地盯住雌蝇，然后跳到雌蝇身上。大个雄蝇交配的频率很频繁。躲在雌蝇中间的小个雄蝇试图在夜晚和雌蝇交配，但结果并不那么如意，因为雌蝇更喜欢和有着最长眼柄的雄蝇交配，而大个的雄蝇会频繁打断小个雄蝇的交配，并将这些小个雄蝇赶跑。

现在这些具有如此夸张眼柄的雄蝇的进化就很好理解了。它们有着和蜻蜓一样敏锐的神奇视力，突眼

蝇能从 1 米远的地方用它们眼柄的长度准确地估算出向它们飞来的苍蝇的大小，从而确定这飞来的雄蝇是它们的竞争对手还是它们的追随者。眼柄的长度和宽度可以直接地告诉同性和异性苍蝇它们的力量和生殖力，这样可以快速做出决定，避免了代价昂贵的争斗和雌性做出不明智的选择。

因性致残

1871 年，达尔文在出版的《人类起源》一书中

首次提出了性选择理论，而且他还在昆虫界发现了这一理论的最好例证：智利倒挂锹形虫，又称达尔文甲虫。他用这一理论解释某一性别的一些物种的极端行为或身体形态，雄性孔雀尾巴奇怪的形状和颜色以及极乐鸟的翩翩舞姿等都是经典例证。之所以如此，是因为世世代代以来，雌性物种总会选择某一方面拥有最显著行为或者特色的雄性来交配。这种选择性的繁殖造就了我们今天所看到的各种奇奇怪怪的动物。对于昆虫而言，灵活可塑的外骨骼非常适合这种极端的性选择。在一些例子中，有些被选择的特征已经变得十分极端，拥有这些特征就意味着拥有可以吸引异性

的优势——目的只是为了打败那些虽然有这些特征，但已经成为累赘的同性。甲壳虫中就有例证。其中最古老的一种当属马达加斯加的长颈象鼻虫。这种雄性昆虫拥有异常修长的脖子，末端连着一个小脑袋，这使其身体很不稳定。通常它们会用脖子进行一种低调的战斗，雌性将会与胜出者交配。但是当1835年"小猎犬号"勘察船沿智利海岸进行考察时，达尔文发现了倒挂锹形虫，其雄性的某一特征已经发展到了夸张的地步，极其荒谬。

全世界有1000多种倒挂锹形虫，许多种类的雄性都拥有庞大的大颚，不是用来捕食，而是用来打架。智利的倒挂锹形虫最为甚，大颚的长度基本上相当于身体的其余部分。而且大部分倒挂锹形虫的下颌都是在前面拉长，智利的倒挂锹形虫却是下颌下弯，很像一把短弯刀。它们前面的一双腿很长，能把整个身体撑起来，以便走路的时候不被下颌绊倒，这种办法在某种意义上是成功的。这种甲虫生活的大本营之一是

> 下图：一只马达加斯加长颈象鼻虫正在展示它那用于仪式般格斗的长颈，格斗的获胜者将得到旁观雌性的青睐。
>
> 下页：一只雄性达尔文甲虫正在展示它的大颚——这是它可塑外骨骼的延伸。这种造型有利于钩住敌人鞘翅并将敌人掀倒。它的前腿很细长，这样大颚就不会拖在地上。

智利巴塔哥尼亚地区美丽的洛斯桑托斯湖畔，周围是树林繁茂的斜坡，湖面倒映着积雪盖顶的奥森火山。雄性甲虫或是带着很大的嗡嗡声在树林间摇摆飞翔，或是在树干或树枝上徘徊，以此来寻找住在树顶的短颈雌性甲虫。当两只雄性在同一树枝上相遇时，它们会向对方滚动，打开下颌，厮打在一起。用达尔文的话来说，"他们英勇又善战；面对威胁时，他们环视周围，张开下颌并发出尖锐的摩擦声"。

尽管它们的大颚相当大，打斗的目的却不是为了伤害对方，如达尔文所写，"下颌的强度不足以弄疼手指"。奇怪的下巴造型只是为了能到达敌人的鞘翅下方。每个大颚的末端会弯成一个钩子，精确到钩住对方的鞘翅下。一只雄性甲虫抓住另一只，也抓住了取胜的绝佳机会。它的目标就是把对方从牢牢抓着的树枝上撬下，然后把它扔出去。抓得最牢的雄性甲虫向上爬的时候，其长长的下颌起到了很好的杠杆作用。对手紧紧抓住不放，它自己那弯爪也钩进了树枝。它把腿伸得直直的，有时候因为力度过大，连攀着的树枝都会被折断。这样的战役持续仅几秒或几分钟，其间也会有安静的时刻，双方紧紧扣在一起，像极了筋疲力尽的拳击手。其中一只一松手，另一轮战斗便又拉开了序幕。一旦其中一只成功地将对手从树枝上撬开，它就会把对手高举，倚靠着树枝，并大张着下巴。失利的一方开始从对方的大颚上滑落，直至滑到末尾，最后重力占据上风，它便从树上掉下去了。

在找到雌性配偶前，一只雄性达尔文甲虫可能要经历数场战役，而且雌性配偶还会经常逃跑。即便是追上一只雌性并使其与自己交配，雄性达尔文甲虫打斗的本能依然存在，它会一把把对方逮住，费力地把对方从树里拖出来。幸运的是，这样并不算是灾难，而更像一条捷径，因为雌性配偶需要把卵产在草丛里，这样幼虫就能以草根为生。

下图：雄性达尔文倒挂锹形虫大颚极长的根本原因是为了繁衍的需要。相比之下，雌性的大颚很小，它主要用来满足最初的功能——喂养。

下页：估计大小，以便用大颚钩住对手。达尔文甲虫衍生出来的最厉害的武器就是撬棍一样的角。最后一步——松开敌人并把它扔下树枝。

第五章

蛙类、蛇类及蜥蜴类

那些存活已久的物种由于冷血的体质的严重束缚，被鸟类和哺乳动物驱赶到严酷和偏远的环境中。大家似乎很容易相信这样的观点，爬行动物和两栖动物似乎比哺乳动物要低级一些。事实确实如此，它们虽然对地球的统治开始得早，结束得也早，但那是一段辉煌的历史。

很多两栖动物都是从最早离开水的无脊椎动物进化而成的。它们的鱼类祖先鳍部是有骨头的，并将其进化成腿，可能由于长期生活在缺氧的沼泽环境中，这些鱼类是有肺的。由于化石中无法发现两栖动物的皮肤，所以很难知道它们的皮肤是什么时候进化得能透气的。当这些前两栖动物爬上陆地时，就开始了长达数百万年的进化，出现了很多类似鳄鱼这种庞大的物种。当两栖动物进化成爬行动物时，存活的时间正好相当于哺乳

左图：哥斯达黎加热带雨林的条纹树蛙。这儿空气湿润，对于爬行动物来说是个绝妙的栖息地。树蛙背部有伪装色，而腹部却呈明黄色，说明这种蛙类并不可口。

下页：一只来自婆罗洲的飞龙科蜥蜴。和高纬度的爬行动物不同，受炎热气候的影响，很多居住在热带地区的爬行动物常年都很活跃。

前页：美洲短吻鳄是一种比哺乳动物更古老但适应环境能力很强的爬行动物。

上图（左）：一只越南的苔藓蛙靠着周围阴暗潮湿的环境藏身。
两栖动物没有外部的武器可用，但它们利用可变色的皮肤隐藏
在环境中或是发出警告。

上图（右）：一条伪装在枝叶间等待猎物出现的越南响尾蛇。
响尾蛇捕食的策略就是埋伏，然后伺机抓住猎物并将致命的毒
液注射到青蛙、爬行动物和一些小的哺乳动物体内。正是靠着
进化的毒液，蛇可以不费吹灰之力捕杀到猎物。

动物的三倍，这种进化以恐龙出现为标志达到了鼎盛
时期。生命的伟大历程如流星陨落般转瞬即逝，留
给后人的仅是化石中的残骸。只有习惯夜间活动的
鼠类大小的哺乳动物和恐龙的后代——鸟类才存活
下来并繁衍生息。

　　然而在现代社会辛苦存活的爬行动物和两栖动物
并不是古生物，它们完全是现代生物。从生物学上讲，
完全不同于鸟类及哺乳动物，为了适应环境，它们面
临着很多问题，但是在很多方面，它们又和鸟类及哺
乳动物一样适应得很好。无论是行为还是身体，它们
都显示出惊人的灵活性，这使得它们可以很好地适应
环境甚至是战胜环境的挑战。

　　现代的两栖动物大致可以分为青蛙和蟾蜍，火蜥
蜴（包括蝾螈和泥狗）和类似于蚯蚓的蚓螈。潮湿透
气的皮肤使得它们必须时不时地返回水里或潮湿的地

方繁殖，但它们又是冷血动物，所以又需要从周围的
环境中获取热量，这样看来它们生存似乎并不占优势。
种类繁多的爬行动物和两栖动物生活在闷湿的热带及
温带地区，还有十多种蛙类、蟾蜍及火蜥蜴生活在高纬
度的严寒地带，它们的秘诀就是释放葡萄糖和甘油到血
液里，这样可以降低冷血液的冰点。在其他地区，冷血
的两栖动物却有着得天独厚的优势，因为温血动物必须
定期补给食物，但冷血动物可以降低甚至是暂停新陈代
谢的速度以度过艰难的时刻。这种现象在进入沙漠地带
的青蛙身上表现尤为明显。罕有的雨季期之外的时间，
这些青蛙就在底下挖洞将自己掩藏在不透气的黏液层，
并能维持数年。雨季来临，青蛙爬出洞外，有时数量惊人，
它们以极快的速度繁殖着后代。

　　爬行动物在适应环境方面比两栖动物更灵活，也
更成功一些。它们的身体进化成各种形状和大小，大
到 2.7 米长的科莫多龙和 6 米长的咸水鳄，小到长期
生活在落叶层不到 2 厘米处的多米尼共和国的小壁虎。
爬行动物大致可能分为鳄目科，蜥蜴、蛇和蚯蚓亚目
（如蚯蚓），乌龟和水龟以及新西兰的古蜥蜴。有些
甚至在身体外部长了凸点和棘刺以抵御捕食者。蛇的
四肢退化，但却有很多肋骨和毒液。变色龙是最奇怪

的爬行动物，它们的皮肤会随着心情和意图而改变，并有着像炸弹一样能快速射出的舌头以及像圆规一样独特的分趾，可以紧紧抓住树枝。现代爬行动物的皮肤是它们制胜的一大法宝，皮肤具有防水性，再加上冷血的特性，使得它们可以在一些哺乳动物和鸟类不敢轻易涉足的最干旱的地方生存。

爬行动物和两栖动物对外界的攻击并不是毫无抵抗能力。青蛙就可以使它们的身体膨胀并发出尖叫声，有些皮肤能喷出毒液，毒液里包含了一些我们所知道的最有毒的物质。有些蜥蜴能在水面上奔跑以逃脱危险。蛇也可以喷射或吐出一些毒液。青蛙用极复杂的发声方式吸引配偶，它们可以融合彼此的叫声模仿其他生物，甚至发出类似口技艺人的声音。一些青蛙和蜥蜴悉心照顾它们的孩子，丝毫不逊色于哺乳动物。

另一个用来判定爬行动物和哺乳动物哪个更强盛的最简单方式就是物种的多样性。至今大概有4500种哺乳动物，10000种鸟类，但却有13000多种两栖动物和爬行动物。这个数字并不是辉煌的遗留下来的，而是不断胜出的例证。

巨龙仍存在于世

在哺乳动物和鸟类统领大多数自然栖息地之前，

下图：科莫多龙有着强健的肌肉和体魄，这种身形特别适合快速有力地伏击大型猎物。这只科莫多龙满身是泥巴，从泥塘中出来，在那儿攻击并咬了一只凶猛的水牛的后腿。数周后更多的咬伤最终会要了水牛的命。

爬行动物已经在地球上存活了6500万年，直到现在我们仍可对它们久远的过去窥见一斑。1912年，一群在偏僻的印度尼西亚群岛的危险水域采集珍珠的渔夫就在一个小岛的海滩上看到了巨大的食肉蜥蜴。他们的描述是西方科学界关于科莫多龙最早的报道。在印度洋和太平洋交汇处的大型食肉动物的种类是地球上最少的，巴厘岛东部的5个荒凉的小岛是科莫多龙的栖息地。现今仅存活着几千只科莫多龙，绝大多数都生活在科莫多岛上。

科莫多龙有着强大的体魄、明确的目标和精良的装备，这使得它们天生具备好猎手的潜质。和它们的恐龙亲戚曾统治着整个地球一样，科莫多龙毫无疑问也是它们小世界的统领者。科莫多龙能长久地存在也证明其他强大的哺乳动物没法在条件如此恶劣的地方生存。属于温血动物的食肉动物需要每隔几天就要进食，它们很快就能捕杀光这儿原本就稀少的猎物。但是属冷血动物的科莫多龙一年只需要进食十来次，这也是它们能在这里存活的原因。

科莫多龙不单是因为庞大的体形（平均大小和一个成年男子差不多，包括尾巴在内有2.2米；平均体

重有 80 千克）而名声在外，更因为它们是令人闻风丧胆的杀手。通常它们采取守株待兔的战略捕杀猎物，它们在林间小路旁等待诸如鹿等猎物出现，可以一动不动等上数天。猎物出现时，它们以每小时 18 千米的极快的速度冲向猎物，用它们 60 个尖锐的锯齿牙狠狠地咬在猎物的喉咙或肚子上，身受重伤的猎物很快被制伏，在捕杀现场就被科莫多龙生吞入腹。

同样的惨剧也发生在人类身上，最著名的就是 1974 年的瑞士男爵鲁道夫·文·瑞德令事件。在科莫多岛上，这个 84 岁的冒险家脱离大部队想另辟蹊径回到泊在岸边的渔船上，结果却下落不明。虽然派出了 100 个强健的搜查人员，但只发现了相机的碎片。

科莫多龙最擅长捕杀体形较小的猎物，它们也能对付得了比它们大得多的猎物，这也是它们能在岛上如鱼得水地生存着的原因。据悉，科莫多龙原来的猎物包括灭绝已久的一种侏儒象，后来它们就捕杀无论是从体形还是体重都是自身很多倍的危险食草动物——野水牛。科莫多龙捕杀野水牛的方式是爬行动物中算是让人毛骨悚然的。捕杀野水牛的黄金时间就是像火烤似的炎热干燥之时，岛上仅剩的几处水源就是野水牛每天必然到访的小水坑。这样，科莫多龙就在那儿等待着它的猎物。一只饥饿无比、极具攻击性的科莫多龙试图偷偷地从后面攻击正在喝水的野水

牛，一口咬在水牛的腿上或者生殖器上，然后马上向后撤离以躲开这只凶猛的哺乳动物的角的攻击。

咬伤处组织的破坏还不足以杀死猎物。近期，人们认为是科莫多龙唾液中的细菌毒死了猎物。就像毒蛇一样，科莫多龙成了世界上最大的有毒动物。毒素可以阻止血液凝结，最后使猎物因失血过多而死，同时也会降低猎物的血压导致它们休克。对野水牛这样的大型猎物，持续的咬伤会导致发炎，最终会要了它们的命。科莫多龙能从 6 千米外的地方发现刚开始腐烂的肉，然后马上找到受伤的猎物。7 只或更多只科莫多龙会天天在水坑周围追踪去喝水的野水牛，然后趁着水牛虚弱的时候再咬上几口，饱受创伤的水牛倒下了。最终科莫多龙战胜了水牛，它们就开始生吞活剥还没咽下最后一口气的水牛。

科莫多龙严格恪守着大者为先的进食制度。科莫多龙追捕小的入侵者，有时会杀死并吃掉它们。一只饥饿的科莫多龙能撕咬下大块的肉，甚至能吞下骨头和蹄子等。它们能一口气吃下相当于自身体重百分之八十的食物。一群科莫多龙可以在短短的几个小时之内将肢体肢解到只剩骨头，留一些边角料给小的科莫多龙。吃饱了的科莫多龙必须在太阳底下躺上几个小时，以此保持身体的温度并快速消化积食，否则食物可能会在体内腐烂。

科莫多龙的交配方式也是异常的惊人和残忍。雄龙之间要通过决斗来得到雌龙。它们会抬起身体，将前肢搭在对方身上，在扭打着要战胜对方的过程中靠尾巴来保持身体的平衡。它们那10厘米长的爪子能刺穿皮肤，并导致伤口流血。每场打斗持续的时间不会很长，几秒钟之后总会有一只或者两只轰然倒地。但是两只实力相当的科莫多龙的决斗可能会日夜持续好几天，直到其中一只筋疲力尽，黯然退场。

然而打败竞争对手只是打了一半的胜仗，因为雌龙很有可能不会接受交配。胜出的雄科莫多龙会用轻弹的舌头试探雌龙是否正处在生育期。雄龙也可能会轻抓雌龙的背部或用下巴摩擦雌龙的皮肤来刺激它们。雌龙通常会用牙齿和爪子来反抗想交配的雄龙，而雄龙则用全身的重量和有力的肢体压制住雌龙。让人好奇的是，对有如此激烈交配的动物来说，雌雄科莫多龙之间有着紧密的配偶关系，是为数不多的实行终身配偶的一种蜥蜴。

受孕的雌龙会在原本由橙脚塚雉建造又抛弃的土沙堆里挖洞产卵。它能产大概20个卵，然后就守在土堆周围7个月直到卵开始孵化。尽管有雌龙的照料，很多刚出生30厘米长的幼蜥仍然会被同类吃掉，成年蜥蜴的食物有百分之十是这些幼蜥。出于自我保护的需要，幼蜥会在树上度过大部分时间，靠捕食昆虫和更小的蜥蜴为生。

科莫多龙并不是恐龙，它们是一种现代的爬行动物。我们从它们称霸栖息地来窥见它们古老的祖先的方式，在今天看是很独特的。

"水上漂"蜥蜴

在希腊传说中，中美洲怪蜥巴吉里斯克异常可怕。作为爬行动物中的王，它头部长得像皇冠一样，拥有超能力，仅用目光就能杀死敌人。中美和南美的怪蜥就如传说般长着皇冠一样的突起，但是，这种蜥蜴与传说的相似还不止这一点，它还能逃过食肉性蛇类、鸟类和哺乳类的追捕，这项逃生本领也是最近才有了科学的解释。在遇到危险时，它能在水面上快速奔跑，因此人们也称它"耶稣蜥蜴"。

中美洲怪蜥（实际上分为五个种类）多见于从巴拿马到厄瓜多尔的热带雨林中。它一天中的大部分时间都坐在树枝上一动不动，以便能察觉捕食者，它还喜欢栖息在水边，至于原因，当有捕食者惊吓到它时，你就清楚了。这时，它会跳到空中，如果没有落入水中，那么它会一落地就跑向水里，然后用后肢在水面上飞跑，速度可达每秒1.5米，前肢似风车状转动，到达陆

下页：中美洲怪蜥正在水上逃跑，正是拥有此种有效的逃生技能，所以中美洲怪蜥经常栖息在水上或者近水处。

下图：中美洲怪蜥"水上漂"式的步法。当爪子接触到水面时，快速螺旋状挥动的脚掌能在水面上拍打出气泡，借助这些气泡，中美洲怪蜥才能在水上奔跑。但是这种跑法需要大量体能，如果水域很辽阔或逃跑的蜥蜴体力不支，它就只好潜入水中游泳了。

地后可以接着逃跑。但若在辽阔的水域上，它会体力不支，此时它会潜入水中，水下潜伏时间可达半个小时。

水面张力就像气球的薄膜，许多小而轻的生物，如昆虫，可在水上行走而不打破水面张力。但是从体重上来说，中美洲怪蜥应该会沉入水中，值得注意的是它能"水上漂"的真正原因，"耶稣蜥蜴"这个名字并不准确。研究者发现它并不是在水面上奔跑的，而是在空中奔跑。它的后肢轮流击打水面，迫使水面下沉，在水面上形成气袋，从而获得前进的动力，又能平衡身体使之不能左右摇晃。这就是研究者揭示出的创造气袋的策略。中美洲怪蜥的双脚必须高速运转，以保证在气袋破裂之前完成一个动作循环并把脚抬回到水面上。如果腿浸入到水里，由此产生的拖拽力会使蜥蜴沉入水中。它的尾巴浸在水中，这看上去会破坏整个动作体系，实际上，尾巴可能起到保持平衡的作用，免得蜥蜴在下落时会平趴在水面上。

这"水上漂"的功夫看上去优雅，但从慢动作的回放来看，其实动作很不雅，而且十分耗力。中美洲怪蜥会时常被水面绊倒，摔趴在水上，然后它就只能潜水游泳了。新生的中美洲怪蜥似乎能在水面上弹跳，但是当它越长越重时，"水上漂"的难度也会越来越大，因为这时它的脚与身体的比例会相对变小，而且奔跑的速度也会相对变慢。成年中美洲怪蜥体重大约200克，这已接近它发出足够力量不使自己沉入水中的临界点。相比之下，人类若是想在水上奔跑，双腿上下移动速度必须达到105千米／时——这是人类所能承受肌肉负荷量的15倍。

失落的世界和弹跳蟾蜍

在1800万年前爬行动物的鼎盛时期，在现今委内瑞拉、巴西和圭亚那的交界处可见到恐龙徜徉于巨大

的沙石高原上。数千万年来，高原在地壳运动和风化作用下断裂，再加上日积月累的流水侵蚀而慢慢变小，结果就形成了今天此处无与伦比让世人惊叹的美景。

这块区域有得克萨斯那么大，由100多座特普伊山（意为神之屋）构成。这些特普伊山是古老高原的遗留物，它们四周陡峭，山顶平坦，屹立于一片雨林中。有的山脉海拔将近2000米，并有着自己独特的生态环境。山侧白云涌动，就像逆流而上的水，随时要倾倒于山顶。瓦尔特·罗利爵士曾在1596年远征至伟大的奥里诺科河，首次在这个地方探险并将情况带回欧洲。很多人对此持怀疑态度，认为此景只应天上有。但是400年后，这里却成了无数探险家、科学家和浪漫主义者遐想的天堂。

这里是很多有关财富神话的源泉。罗利认为这里通向传说的宝山——神秘的金城。吉米·安吉尔发现了从奥扬特普伊山倾泻而下的世界最高的瀑布——安赫尔瀑布，甚至在河里发现了拳头大小的金块。但只

下图：圭亚那特普伊山顶的鹅卵石蟾蜍，有着类似米老鼠的四肢和灵活的趾。在平顶山或特普伊山已经发现了特有的鹅卵石蟾蜍。

下页：圭亚那山顶降雨丰沛，食虫植物是这里主要的植被。让人惊奇的是，鹅卵石蟾蜍并不会也没必要会游泳，因为这儿潮湿的空气使得蟾蜍即使离开水，皮肤也处于湿润状态。

有英国小说家亚瑟·柯南·道尔实地考察过这个地区的财富。1885 年，受首次登上罗赖马特普伊山报道的启发，柯南·道尔著成了那本经典的历险书籍——《失落的世界》。书中描写了一个独立的生态圈，恐龙是这个圈子的主宰，就生存在平坦的山顶上。虽然一些细节描写得并不准确，但却提到了这里的财富就是生物，这倒是对的。每一座特普伊山就像一座独立的岛屿，山上的物种都遵循着自己独特的进化轨迹，因此很多人称这里为内陆的加拉帕戈斯群岛（这深深影响了查尔斯·达尔文）。但是特普伊山却因为地方偏僻，远没有加拉帕戈斯群岛出名，直到今天仍是如此。要步行至这里需要艰苦跋涉穿过被险恶河流阻断的原始森林，一些当地人会拒绝做搬运工，因为这里有最令人生畏的毒蛇——枪头蛇，这种蛇以易咬伤人和毒液出名。然而，这样行走的路程还算比较容易的，特普伊山陡峭的岩壁、咬人的昆虫、缠绵不断的雨使得这里的山极其难爬。正因为如此，大多数的特普伊山仍未有探险者的足迹，这是可想而知的。

少数冒险踏上特普伊山的生物学家可能并没有发现柯南·道尔书中提到的恐龙，但是他们却发现了鹅卵石蟾蜍，每座被探索过的特普伊山上的蟾蜍种类都是不一样的。他们甚至向我们展示了这些脆弱的两栖动物比捕杀者聪明。这些黑色的全身布满疙瘩的小蟾蜍，从头到尾还不到 3 厘米，很多方面都很奇怪。它们不会游泳，不会跳，有着米老鼠一样的前肢和灵活的趾，后肢似乎过长。

最有名的是生活在圭亚那特普伊山（对当地人来说这是死亡之地，他们认为死神的灵魂在此）的物种。它们在这里悠闲地欣赏着超自然的美景。沙石上有很多锐利的有裂缝和坑坑洼洼的石英水晶石，被侵蚀成

左图：这只神奇的弹跳鹅卵石蟾蜍刚摆脱了一只狼蛛。它缩起后退，从岩石上跳下停住，丝毫没有受伤。

了很多拱形和其他吓人的开关。这里没有土壤，只有岩石和独特的食肉植物构成的小"花园"。据探险者描述，除了大风，一切寂静之极，偶尔会有鸟和蟾蜍的叫声。

鹅卵石蟾蜍看似手无寸铁，但却能和蝎子、狼蛛、外来鸟等捕食者生活在一起。鹅卵石蟾蜍最让人惊奇的地方可能就是它们摆脱危险的方式——顺势向下滚动，像橡胶玩具似的从一块石头弹跳到另一块石头上。有时会停到平坦的地方，有时会停在几乎垂直的表面上。一旦危险解除，它们就会稍微放松警惕。

人们对于蟾蜍这种奇怪的习性有疑惑：这些蟾蜍是从哪里来的？它们是怎么进化出这些奇怪的习性的？美国科学家布鲁斯·密斯花了 20 年时间步行对这个地方进行了探索。他具有能够发现和辨认新物种的神奇能力，特普伊山恰好给了他发挥才能的空间。他仅仅从伦敦历史自然博物馆的几个标本中就重新发现了 100 年前的蟾蜍，这足以说明他的能力。他在柯南·道尔描述的罗赖马山的堤坡处发现了瀑布蟾蜍，于是就以这个美丽的地方为其命名。

这种蟾蜍有着同样奇怪的四肢，但是密斯发现它们的四肢有着其他的用途。它们喜欢蹲在树叶上，如果发现了慢慢靠近的蛇等危险，它们就会顺势下落，这时四肢就开始发挥作用。在滚落的过程中，它们会将前肢和后肢伸展开来，抓住下落途中遇到的小树枝或树叶。它们的这种抓住东西的能力是很惊人的，多半情况下，它们会先抓住东西，然后再将整个身体拖上去。密斯认为进化到现在的瀑布蟾蜍或它们祖先的四肢是用来向前移动或挂在树叶和树枝上，而不是为了逃生。当每座特普伊山都各自分离后，这些蟾蜍就

右图：瀑布蟾蜍是鹅卵石蟾蜍的近亲，它们栖息在山下的雨林中。它们奇怪的后肢在受到蛇的攻击时，就顺势从岩石上落下来，下落的途中会用它们长而强健的趾抓住树叶或树干，这样就能摆脱危险。

开始适应栖息在高高的特普伊山上，这时它们的四肢就用来紧紧地抓住垂直的岩石面以防止下落。

对专家来说，特普伊山就像钻石一样，还有很多面等待发掘。这些蟾蜍只是其众多闪亮面中的一面。

千辛万苦的妈妈和费尽心机的挖掘者

爬行动物已经掌握了保护它们孩子免受哺乳动物和鸟类威胁的各种策略，比如马达加斯加的鬣鳞蜥有了带自动保险的保护措施来保护它们的卵。尽管它们的措施可能会骗到温血的哺乳动物，但却摆脱不了冷血的蛇。

鬣鳞蜥是马达加斯加西部森林数目最多的蜥蜴。

它们大多数时间待在树上，栖息在树枝甚至是垂直的树干上。它们会向地面俯冲，以昆虫和一些其他无脊椎动物为食。如果遇到诸如鸟类的捕食者，它们会躲到树缝中，然后用多刺的尾巴挡住洞口。

但是当雨季来临时，雌蜥蜴则要回到地面待上很长一段时间来完成它们一生中最重要的事情——产卵。它们小心地选择产卵点，通常是一块贫瘠多沙的土壤。它们挖洞产下一小批卵，就像狗埋骨头似的，它们用鼻子将卵推入洞底，然后小心翼翼地盖上土，就好像没在这里埋过东西似的。

这个小把戏能够瞒过哺乳动物和鸟类，但是鬣鳞

> 下图：鬣鳞蜥正在挖洞埋藏它的卵。虽然大多数的捕食者无法靠着嗅觉找出这些卵，但至少有一种爬行动物可以做到。

上图：猪鼻蛇可以找到鬣鳞蜥，在一旁看着鬣鳞蜥埋藏它的卵。它们一埋完，蛇就会进入洞中，用鼻子将卵拱出来，然后整个吞下。鬣鳞蜥对此束手无策，只能眼睁睁地看着。

蜥却有其他的麻烦，有一种爬行动物叫猪鼻蛇，能用它们的朝天鼻轻易地找到鬣鳞蜥的卵。

当猪鼻蛇的头部左右摆动的时候，它们的鼻子就是很好的拱土工具。它们一般潜伏在鬣鳞蜥产卵处的灌木树下，当鬣鳞蜥掩埋卵时，猪鼻蛇就会明目张胆地等在那儿。

一旦鬣鳞蜥埋好它的卵后，甚至是正在埋的时候，猪鼻蛇就很有可能立刻将这些卵挖出来（很有可能猪鼻蛇看到了鬣鳞蜥在产卵，但这些猪鼻蛇本身的嗅觉就非常灵敏）。它们能将这些卵整个吞下，有时一次吞下数个，对此鬣鳞蜥束手无策，只能眼睁睁地看着它的卵被蛇吞咽下去。

把鬣鳞蜥的这种无能视为一种失败是很正常的。后代的生存是一种数量上的游戏。鬣鳞蜥对大多数捕食者已经做好了应对的措施，而且并不是每个妈妈的卵都会受到攻击。

也可以从蛇的角度来看整件事情——这种爬行动物竟然可以机灵地找到鬣鳞蜥千辛万苦埋在地下的卵。

对捕食者了如指掌

角蜥主要栖息在西南北美洲的沙漠灌木丛中。角蜥和马达加斯加的鬣鳞蜥有着同样的烦恼：它们产的卵都会被吃卵的蛇挖出来吃掉。但是和鬣鳞蜥不同的是，角蜥会采取一些应对措施，它们有着一些现代爬行动物才有的行动上的极大灵活性。最近，科学家韦德·舍布鲁克和克莱顿·梅发现以下两点特征仅存在于爬行动物身上：第一，能够分辨出捕食者；第二，对不同的捕食者会有不同的防御措施。

鬣鳞蜥产下一窝卵后，会将其掩埋然后离开，然而雌角蜥却会在卵周围待上两周。虽然这样做会使它们自己有被吃掉的危险，它们的卵会和鬣鳞蜥的卵一样沦为捕食者的腹中之物，但它们对每个捕食者的反抗给它们自己和它们的孩子争取了最大的生存机会。

角蜥最大的威胁还是来自蛇类，当然也会被野狼和敏狐等犬类吃掉。遇到危险时，蜥蜴的反应就是将

鼻窦充血，从眼角处射出一股血，射进捕食者的嘴里。它们的血液中含有一种难闻的物质，这样犬类捕食者马上就会后退。角蜥可以对付三种蛇。响尾蛇追捕猎物很慢，所以通常会守株待兔般地等待猎物出现然后用毒液杀死它们。当角蜥认出响尾蛇时，会选择马上逃走。对付鞭蛇则是另外一种措施，因为鞭蛇没有毒，但却和响尾蛇一样危险，而且鞭蛇追捕猎物的速度相当快，而角蜥跑不过它们。

鞭蛇会从大小上判断猎物能不能吃，因为它们不

下图：为产卵做准备。雌角蜥产下卵后会守护它们一到两周，主要防御一些捕食者。如果遇到土狼或野狗，它们马上会从眼角喷射出一股难闻的爬行动物的血。

能像巨蟒一样吞下很大的猎物。试图吞下太大的猎物可能会要了它们的命。所以当角蜥看到鞭蛇靠近时，就会转向一侧，将背部朝向它们，用另一侧将卵推走，这样会使角蜥看起来更高大一些。它们也会张开头后面的角，这样看起来就不那么可口了。最后角蜥会将背部翻转过来，一动不动。伪装的顶部就变成了差不多纯白的腹部。它们的四肢僵硬地伸着，身体一侧的突鳞看起来就像是脊椎。这样既能吓退蛇，又可以使蜥蜴看起来很笨重，通常会达到防御效果。

蜥蜴需要对付的第三种蛇就是吃蜥蜴卵而不是母蜥蜴的蛇。这种西部斑鼻蛇一般都比较小，蜥蜴可以直接对付。它们冲向蛇，用头抵或咬它们。一般蛇会被它们凶猛的攻击吓退，转身就逃跑了。

快速做出反应的变色龙

爬行动物专家都认为变色龙是很奇特的动物。它们有着卡通的外表，独特的生活方式，这使它们区别于蜥蜴科的其他动物。变色龙是典型的有着极大身体灵活性可以栖息在很多环境下的动物，纳米比亚变色龙却是个例外。即使在变色龙里，它们也是很奇特的，它们可以超越身体障碍，很好地适应一个栖息地的环境，但也可以在另一个完全不同的环境中生存。

大多数变色龙栖息在非洲和马达加斯加，也有少数栖息在亚洲和南欧，主要可以分为两类。一类比较小，仅存在于马达加斯加的枯叶变色龙，主要栖息于落叶层；其他 130 种体形就大得多，比较引人注目，主要生活在某种特定的环境中。其他动物的生活环境可能比较广泛，诸如山脉、洞穴或深海，然后变色龙主要生活在树枝上。

变色龙的身体结构及习性和其他的爬行动物有很大的区别。变色龙爬行很缓慢，身体前后摇晃模仿树

上图：纳米比亚变色龙吃着它的沙丘甲壳虫大餐。猎物在滚烫的沙上跑得很快，为了不挨饿，不能坐以待毙地等待猎物上门，它们只能追捕猎物。但是和其他变色龙一样，它们也是以迅雷不及掩耳之势伸出舌头吃掉猎物。

叶摆动。它们的四肢就好像拔钉钳似的是分开的，这很适合抓住树枝和枝杈。但是它们偶尔爬行在平坦的地面时，这样四肢的用处就不太大。变色龙爬行速度缓慢，经常会追不上猎物，所以它们会等待落在附近的猎物，然后迅速伸出舌头将其吞掉。

爬行动物一般只适合生存在一种环境中，这样它们就会走进生物学上的死胡同，似乎它们不太可能生存在其他环境中。然而纳米比亚变色龙却能做到这点，可以在另一种几乎完全不同的环境下生存繁衍，这样的地方被称为"开放空间"，如纳米布沙漠，即沿大西洋沿岸纳米比亚的由巨大沙石平原和沙丘组成的沙漠。

生活在纳米布沙漠的挑战非常大。变色龙有着适合抓住枝杈的四肢，但是这儿的地貌基本都是平地。

变色龙行动很缓慢，但是这里最丰富的食物就是爬行相当快的甲壳虫——因为它们要防止在炙热的沙子上烫伤四肢。变色龙一般过着潜伏隐蔽的生活，但在沙漠上几乎没有藏身地以躲开炙热和捕食者的追捕。变色龙的独立性很强，但由于数量庞大，所以它们不可避免地会碰到彼此，然后繁衍后代。但在一望无际的纳米布沙漠里，纳米比亚变色龙的数量却很少。

这种变色龙可能已经存活了相当长一段时间。纳米布沙漠是地球上最古老的沙漠，已经存在了5500万年之久，所以很多物种已经进化了能生存在如此严峻的环境中的手段。这里有一种蜘蛛会将蚂蚁拖到炙热的沙子上烤死它们；蜥蜴可以让两肢离开炙热的沙子，而用另两肢保持平衡；蛇和鼹鼠可以在沙子中游动；甲壳虫能将海雾凝结在背部，这样水珠就可以流进它们嘴里。

纳米比亚变色龙也有一些生存的手段。它们的四肢可以像其他变色龙一样张开，当踏在沙子上时它们就会伸展开形成宽阔平坦的地步，利于行走。它们也可以像其他蜥蜴一样等待猎物经过，但不同的是，它们能快速地追捕猎物。纳米比亚变色龙最大的威胁来自于搜寻猎物的鸟类，遇到危险时，它们会迅速拱起身体，钻进沙子中，变成一个黑影，看起来就像一块小卵石。它们适应环境最神奇的地方就是身体的不同部分会有不同的颜色——早上身体一半变暗来吸收阳光，另一半变成白色以防止晒伤。

对纳米比亚变色龙来说，生活在沙漠最大的挑战可能是繁衍。在如此广袤的沙漠中，四处走动的雄变色龙看上一只雌变色龙就必须抓住这千载难逢的机会和它交配。没有微妙的活动余地，雄变色龙从侧面慢慢靠近雌变色龙，尽量平展它的身体使自己看起来更

右图：正在暖身的纳米比亚变色龙。清晨，变色龙会将一边身体变暗来吸收太阳光，而另一边身体却呈白色以防止晒伤，这是变色龙为了适应沙漠生活的典型行为。

上图：配偶之间的追逐。在这样恶劣的环境中，变色龙分布得很分散，雄变色龙可能要好几个月才会碰到一只雌变色龙。所以当遇到时，不管雌变色龙愿不愿意，雄变色龙都会和它交配。有时可能使用暴力，总之，一场追逐是免不了的。

下页：纽埃金环海蛇停在蛇沟——蛇聚集处休息。大概每15分钟，蛇就需要游到海平面呼吸一下空气。

高大威猛，同时身体变成对比鲜明的颜色，表示它现在很兴奋。如果雌变色龙对此不搭理，那么雄变色龙就会追赶，用头撞击，咬它，直到雌变色龙屈服为止，然后雄变色龙就爬到雌变色龙身上进行交配。一阵追赶和一次次的交配，直到雌变色龙逃离，雄变色龙才会善罢甘休。对变色龙来说，这是适应地球上最严峻的生存环境的一种残酷但行之有效的手段。

水下毒蛇

对任何陆生生物来说，要适应完全的水下生活，会有很多特别的困难——水下如何运动，捕食者的威胁，繁殖后代，如何进食和呼吸等。面对这些问题，海蛇有着很完美的解决办法。地球上这种有着小斑点的特别物种以一种既别出心裁却又十分简单的方法解决了这一显然无法解决的问题。

进入水下生活，让蛇摆脱了陆地上残酷的竞争。蛇本身那种正弦曲线似的蜿蜒滑行，很适合水下生活。进入水下后，它们的身体变得更细长，这样就可以轻易地在水中游动，而它们扁平似划桨的尾巴更为游动提供了助力。即便这样，从速度和灵活性上讲，蛇还是追不上鱼类。这也是它们最明显的特点。很多海蛇能够释放出来毒液以警告其他生物，尽管海蛇很少咬伤更不会咬死人类，但从毒性上讲，海蛇可以和世界上毒性最强的箱型水母、漏斗蜘蛛以及石鱼并驾齐驱。它们的毒性弥补了行动上的迟缓，能够瞬间麻痹猎物。

对蛇来说，水下呼吸是一项很大的挑战。海蛇并没有腮，所以必须时不时地露出水面呼吸。但是有着和身体长度相当的肺又能使它们潜在水下很长时间。它们可以将气管和鼻孔封闭住，因此只需要偶尔地呼

吸一下空气就可以了。但是一些海蛇仍然依赖着空气和陆地。繁殖后代是一个很大的问题。海蛇从毒蛇类进化而来，这些毒蛇包括眼镜蛇和树眼镜蛇等，它们将卵产在岩石、原木或缝隙中，卵通过卵壳呼吸氧气。但是海水中并没有那么多的空气，所以它们并不会将卵产在水下。62种海蛇中的大多数通过内部孵化，直接产下幼崽来解决这个问题，但5种金环海蛇却仍保持着原来的习惯。雌金环海蛇不得不将卵产在陆地上，将它们自己、卵以及刚孵化的幼蛇暴露给陆生的捕食者。但是有一种栖息在纽埃岛的一些太平洋小岛周围的金环海蛇，以一种极为聪明的办法解决了这个问题。它们也是将卵产在陆地上，但却是任何捕食者都发现不了的地方——岛屿下面。

纽埃岛是水下山脉露出水面的石灰岩的顶部，质软多洞。蛇可以从水下通道游到洞穴处，洞穴的尽头是有着气泡的干燥陆地，它们爬进洞穴壁和顶部的缝隙和壁架中，在此产下卵然后离开。远离了陆地捕食者，这些卵在这个安全的地方待上几个月，薄雾可以保持卵壳的湿润，它们不断长大，呼吸着空气。孵化后，这些小蛇会游到水中，有时会浮出阳光照射的海面呼吸一下空气。陆生动物可以完全水生化，海蛇就是一个最完美的例证。

上图：正在交配中的纽埃岛金环海蛇。雄金环海蛇趁雌海蛇游到海面呼吸时将其缠住，身体紧紧地扭住雌海蛇，以防交配时雌海蛇逃走。雌海蛇甚至会游到窄缝中以设法摆脱雄海蛇。一旦交配完毕，雌海蛇会马上游走。

左图：一只小海蛇正从皮质似的卵壳中钻出，这些卵产在海平面以上峭壁之上的洞的气穴处。如果卵产在海中，小海蛇会窒息而死。

下页：一群蛇正在休息。为了充分地休息，蛇必须离开水找到一个能够安全呼吸的地方，它们通常都会选择有着水下入口的洞穴。

第六章

聪慧的鸟儿

　　有着爬行动物的特征，但也有着明显的羽毛。体形有企鹅那么大，有着长长的骨感的尾巴，颌骨处有牙齿，每个前肢都有 3 个分开的趾，趾的末端是弯弯的爪子。凿石匠在有着极细纹理的侏罗纪石灰岩中发现的鸟是已知最早的鸟类，从恐龙时期就已石化，现在称为始祖鸟，意思是"石板下古老的翅膀"。

　　1.5 亿年前，鸟类给地球带来了多姿的色彩、美丽的景观以及优美的歌声。今天我们所知道的鸟类大概有 10000 种。其中大约只有 1.8 克重的吸蜜蜂鸟是最小的一种，它们却能在一秒钟扇动翅膀 200 多次。与之相比的是，有着 3.5 米翼幅的信天翁能够一口气在广袤的海洋上空飞翔长达数小时。北极燕鸥一年的总飞行里程可达到 3.5 万千米，一生中总飞行里程长达 100 万千米。帝企鹅可以"飞"进南极洲极其寒冷的冰水中，潜进深达 500 米的水下，并在水下憋气长达 20 分钟。鸵鸟已经丧失了飞行的能力，但是取而代之的却是庞大的体形。鸟类中说到豪华，要属天堂鸟了，其鲜艳的色彩和无与伦比的美丽是无法超越的。

　　鸟类克服了陆生动物的很多局限而成为空中主宰。虽然昆虫比鸟类出现早，2 亿年前就已经在空中飞了，但是鸟类的飞行速度却超过昆虫，因为昆虫的体形受外骨骼的限制无法超过固定的大小。鸟类的翅膀可以让它们在季节变化，捕食和其他时刻快速盘旋、翱翔和俯冲，还可以上下颠倒和倒退着飞行，甚至可以环行整个世界。

左图：正在展示飞翔技能的雪鸮，正因为有了这项技能，鸟类能自由生存。每个物种的羽毛都随着它们的生活方式而不断进化。对猫头鹰来说，羽毛能够保暖，尤其是在夜间飞行时；而且翅膀扑闪的声音也很小，很方便捕食。

下页：颔带企鹅的翅膀进化成鳍状肢，羽毛也极适应冰冷的海水环境。它们的羽毛紧密排列叠加在一起，带有绒毛的翅膀下面可以藏住空气，用来隔绝外界的寒冷，也可以用来当防水层。

前页：公白颊鸭正在展示自己五颜六色的羽毛。它们的羽毛除了保暖和防水外，还代表着健康和英勇，可以用来吸引配偶。

真正使鸟类区别于其他生物的特征是它们的羽毛。这些羽毛可能是从祖先前肢尾缘长长的有些破损的鳞片进化来的，这些鳞片对滑行和降落都有用处；也有可能是一些鳞片变成了类似羽毛的东西作为调节温度的装置，就像隔热层，可以使鸟类的祖先栖息在极其炎热的地方。无论是哪一种情况，羽毛的出现都是进化的一项很大的突破和进展。与头发和指甲中的蛋白质相似，鸟的羽毛也是由角蛋白构成的，它们既坚固又轻暖，还不失灵活。羽毛的隔热性可以使鸟类身体维持在40℃~42℃，它们很有力量，提拉性和机动性也很好，而且羽毛本身自带的五颜六色，既可以用来交流，也可以做伪装。

羽毛和飞翔的能力可能会使鸟类区别于其他动物，但它们面临着同样的挑战——寻找足够的食物，摆脱捕食者，吸引配偶，繁衍后代等。接下来就会讲到现代鸟类处理它们生活中遇到的麻烦而采取的各种比较有经验的措施，比如说小火烈鸟会选择群体栖息在肯尼亚湖具有碱性但很安全的地方；一大群白鹈鹕会使用武力抢夺角塘鹅的领地或是多贝拉伊半岛雄性园丁鸟会借用凉亭装饰而不是它们身上的细羽来吸引异性。

上图：小火烈鸟有着所有鸟嘴中最奇特的一种功能，用来过滤温暖的碱性的水中的螺旋藻（蓝藻），这种水对其他大多数鸟来说都是有毒的。

下页：一大群小火烈鸟集中在浅滩处觅食，众多的火烈鸟集中在一起有着数量上的优势，加上这片碱性水域的阻隔以及它们强大的飞行能力，使得很多捕食者望而却步。

选择栖息在具有碱性的水边

东非大裂谷南北长6000多千米，南北方向有着一连串的湖泊。这些湖泊的水很少流出去，从而形成含有烧碱的大气锅，水里富含碱性矿物盐，这里的土壤温度可以达到60℃~65℃，都能冒出水泡。然而小火烈鸟却懂得如何利用这种极端的环境，很让人吃惊，场面又很壮观。小火烈鸟的名字来源于拉丁语"火焰"，意思就是火，有时也被称为火焰鸟。

肯尼亚堡高利亚湖的一侧是巨大的悬崖裂缝，而另一侧从气孔中向空中涌出一股股沸腾的热水。小火烈鸟来到这里是为了找寻螺旋藻，这种螺旋藻是一种蓝藻（通常又被称为蓝绿藻），它们在这温暖的富含碳酸盐和磷酸盐的水中定期生长，将这里变成有营养价值的豌豆绿色的"汤"。只有火烈鸟才能充分利用这宝贵的资源，它们可以利用极其特别的弧形喙过滤表层水，这种弧形喙有1万多个薄薄的筛板——片层。火烈鸟的足搅在水中，头部左右摇晃，舌头就像活塞一样伸进伸出——这个动作一秒钟可以做20次，一天可以过滤20升水，并从中提炼出60克珍贵的螺旋藻。螺旋藻中类胡萝卜素的颜色可以使火烈鸟变色，把整个湖变成一片粉色。

繁衍季节来临的时候，会有100多万只小火烈火鸟——大概占火烈鸟总数的三分之一——聚集在肯尼亚堡高利亚湖周围觅食。为了解渴，成千上万只成年

上图：鱼鹰正攻击鸟群外围的一只火烈鸟。鱼鹰和非洲秃鹳一般会选弱小、生病和落伍的火烈鸟下手。

左图：很多火烈鸟聚集在肯尼亚堡高利亚湖边的壮观景象。它们聚集在此是为了吃螺旋藻的花。螺旋藻中含有的类胡萝卜素可以使火烈鸟变成粉色。

火烈鸟挤在一起到几个主要的淡水河口找水喝。而未成年的浅色的小火烈鸟则被迫留在外围，一般恰好在湖岸边，极易被东非狒狒和非洲鱼鹰等捕食者攻击。非洲秃鹳会用很精明的办法——沿着湖岸慢慢走着，突然冲向鸟群，看看有没有比较弱小或是受了伤而落伍的火烈鸟，然后就用有力的钩嘴攻击它们。

　　如果湖边的食物比较充足的话，火烈鸟有可能会进行野生动物中最壮观的一场表演——令人眩晕的求爱舞。一群火烈鸟开始游行，它们的羽翼颜色鲜艳，头部轻轻摇晃着，鸟嘴啃咬着，脖子摇动着，发出有特色的声音，越来越多的火烈鸟加入其中，队伍越来越壮观。它们快速挪动的脚步和移动的身体非常整齐顺畅，就好像在水上滑行一样。队伍中伸长的毛茸茸的脖子看起来也比平时要粉嫩一些，这极其明显的特征仿佛在宣告它们已经准备要繁衍后代了。

　　这沸腾的壮观的队伍会不断地分开、结合和改变行进方向，就是为了帮助火烈鸟达到生殖的同步性。我们并不知道究竟是什么导致一对火烈鸟结合并交配。是头部昂起的高度、鸟叫声、羽毛的色彩、身体的健康，还是脖子和羽翼摆动的次数，也或者是这几

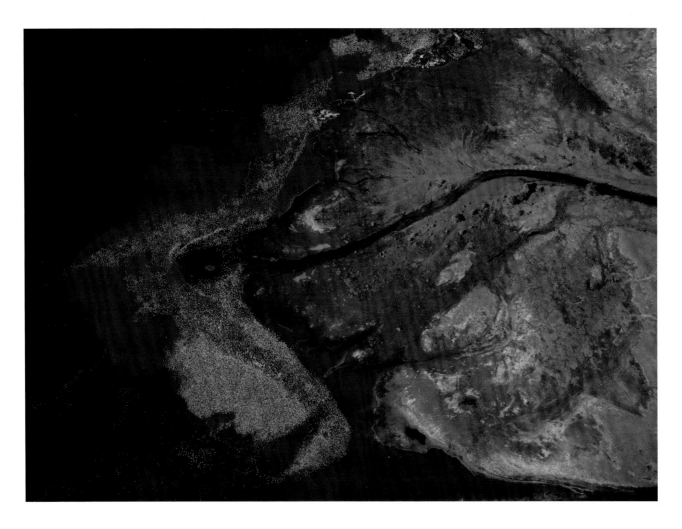

个因素的结合？无论是什么原因，这场声势浩大的游行拉开了火烈鸟繁衍筑巢的序幕。

生物的专化既有优点又存在着问题。螺旋藻是一种极富营养价值的资源，但同时也是无法预估的。藻花很有可能刚开放就迅速凋谢了，所以小火烈鸟就像游牧者似的四处寻找着机会，它们不停地在夜深人静时从一个湖飞到另一个湖，寻找着大裂谷最好的螺旋藻。比较适合觅食的湖基本上覆盖北从埃塞俄比亚南到纳米比亚盐田的整个非洲地区，但是火烈鸟喜欢选择两个地方筑巢——坦桑尼亚的纳特龙湖和博茨瓦纳的马卡迪卡盐沼。它们喜欢选在这两个地方筑巢是因为湖泊能够提供遥远和相对安全的筑巢地点，在那儿

上图：一百多万只小火烈鸟中的少数聚集在堡高利亚湖寻找食物。

捕食者比较少，而且在年成不错的时候，会有充足的食物供给。但是没有人知道确切的原因。我们所知道的就是这种繁衍并不是每年都有的盛世，有时五六年都不会有一次。开始筑巢时，火烈鸟会用小泥块在离地不太高的地方建起圆锥形的小土堆，这样既凉快又可以防止洪水。火烈鸟一次只下一个蛋，如果蛋能够顺利地孵化，小鸟就可以加入到所有刚孵化的幼鸟群中，但也并不意味着它们可以安然地活到成年，因为栖息地中就好像螺旋藻的供给一样变化无常。

在雨季时，巢很有可能被洪水淹没，小鸟会淹死；但是在旱季时，小鸟可能会死于炎热的天气或者食物短缺。那些安然度过了这些最危险的小火烈鸟会发现，即使是到达最近的地点获取食物和水，它们也得冒险穿越数千里的极热和黏性含碳酸水域。假设这些众多的小火烈鸟聚在一起有安全保障，它们的父母会在夜间供给它们足够的食物，但它们仍需要摆脱这片含碳酸水域的束缚，或者摆脱肉垂秃鹳的捕杀，才可能有一线生存的机会。小火烈鸟能够做到这些真的算得上是一个奇迹。

近年来，对生活在这片湖泊上的小火烈鸟来说，它们又面临着新的甚至可能是更严峻的挑战。提议开采纳特龙湖的碳酸钠，利用水力发电，这有可能给小火烈鸟带来一系列的生存危机，如破坏环境，增加捕食者的数量，改变湖水平衡性及化学物质。其他地方土地争端、水污染、人类的破坏都有可能威胁着栖息在这片险恶环境中的美丽生命。

红腹滨鹬的迁徙时钟和中途停靠站

红腹滨鹬是鸟类世界中长途迁徙的冠军代表，它们在一年内要来回两次飞越整个地球。获取食物成为它们调节生物钟的标准，时间的把握相当重要。

在每年的3月中旬到4月中旬，南方的冬季来临时，这些小水鸟就会飞离智利及阿根廷的栖息地——火地岛，前往北半球加拿大极地地区的繁衍地。单向航程大约有1.7万千米。对于翼幅只有50厘米的鸟来说，这趟飞行可谓是巨大的工程，能否成功地飞到目的地取决于对时间的把握和对一些重要的周期性的停留地的选取。

红腹滨鹬迁徙过程中中途停靠的第一站就是巴西南部沿岸地区，但是最后和最重要的停靠站是北美洲大西洋沿岸的特拉华海湾。在5月下半旬期间，尤其是满月和新月潮水涨到最高时，特拉华海湾的沙滩会吸引一种很奇特的生物——鲎。

实行上这种海洋动物并不是螃蟹而是古老节肢动物中的一员，和蜘蛛、蝎子相近，化石证据显示这种动物2.5亿年来几乎没有发生太大的变化。鲎主要靠大陆架沿岸的海生蠕虫和一些贝类为生，但是在春末时，它们会迁徙至受保护的近海岸沙滩如特拉华海湾沙滩产卵。

在夜晚、黄昏或黎明时分，大群的鲎会向岸边移动。一只或多只雄鲎会紧紧地缠住雌鲎，试图将雌鲎产下的上千只小绿卵受精。在一季中一只雌鲎会产下大约8万只卵，它会将这些卵掩埋起来以防止水鸟的侵袭。但是海浪和其他的鲎会让这些卵暴露出来，使

> 下图：鲎爬到特拉华海湾产卵，一群饥肠辘辘的红腹滨鹬正焦急地等待着这场盛宴。对这些飞行动物来说，这里是它们长途飞行中一个非常重要的中场休息地，要赶上这场盛宴，恰当的时机把握是非常重要的。

其成为红腹滨鹬和其他无数只途经大西洋的迁徙鸟的大餐。包括翻石鹬、三趾鹬、半蹼滨鹬在内的11种迁徙鸟类在两到三周的短暂停留中都靠着鲎卵作为主要的食物供给，以补充体力。在鲎产卵的高峰期，很多鸟类都会停留在此，特拉华海湾的海滩暴风雪过后的景象，到处都是鸟的羽翼。

经过长途的飞行，筋疲力尽的红腹滨鹬刚到这里时只有90~120克，但是在储存了大量的脂肪和蛋白质后，在6月初它们飞离这里的时候，体重差不多是来时的2倍。这样做既是为了保证有充足的能量飞过剩下的2400千米到极地地区产卵，也是为了顺利度过到达极地时当地食物补给不足的困难时期。据估算，为了达到上述目的，红腹滨鹬需要在它短暂的停留期吃下多达40万只鲎卵。

一项航空调查显示，在19世纪90年代，特拉华

下图：红腹滨鹬正在大快朵颐地吃着这些遍布在鹅卵石上的卵。在短短的几周内，红腹滨鹬的体重将会增加一倍，为它们飞到极地地区的繁衍地做准备。

海湾的红腹滨鹬大概有 10 万只。但此后红腹滨鹬数量锐减，到 1999 年大约只剩下 5 万只，到 2008 年只剩下 1.5 万只。照此发展下去，红腹滨鹬很可能会在未来几十年内灭绝。

红腹滨鹬数目减少的一部分原因可能是由于它们主要栖息地的减少，它们主要的过冬和迁徙地被污染，以及旅游业的发展。由于鲎被大量捕获用作贝类和鳝鱼的诱饵，导致特拉华海湾的鲎卵剧减，而这也有可能导致飞往极地的鸟类没有食物，无法增加体重。

虽然现在捕杀鲎的行为有所控制，而且在特拉华海湾入口处专门为鲎设置了避难处，但是却没有丝毫迹象显示鲎的数量有所回升。再加上鲎到 10 岁左右才能生死繁衍，目前这种情况对小红腹滨鹬来说非常危险，因为红腹滨鹬的繁衍十分依赖这些史前海洋生物所产的卵。

灵活操控的鸵鸟

鸵鸟是世界上最大的鸟类，雄性鸵鸟高达 2.7 米，重达 150 千克。它们庞大的体形决定了它们无法飞行，但是它们却有着适应陆地生活的卓越能力。尽管它们的翅膀已经退化成用来展示和调节温度的几根大羽毛，但是长长的肌肉、发达的只有两趾的双腿却可以使它们的奔跑速度达到 70 千米 / 小时。鸵鸟的眼睛直径有 5.08 厘米，从这个优势看，鸵鸟的视力非常好。这些鸟中巨人让人惊奇的地方就是它们的筑巢技巧。

在撒哈拉以南的非洲地区——马赛、索马里、北非、南非有 4 个亚种的鸵鸟。它们生活在半干旱地区，这里有着稳定的植物供给和相对开阔的视野，这样它们很容易就能发现一些狮子和猎豹之类的捕食者。在肯尼亚的研究发现，当雄性马赛鸵鸟进入交配季节时，它们肚子上淡粉色的皮肤会变成亮红色，还会发出低

上图：雄鸵鸟在夜间负责孵卵。在夜间，雄鸵鸟的深色羽毛会比头号雌鸵鸟起到更好的掩盖作用，雌鸵鸟则通常负责在白天孵卵。当卵的数量超过头号雌鸵鸟能舒服地坐下来孵化的数量时，它们就会抛弃一些其他雌鸵鸟在窝里产下的卵。

沉洪亮的声音来划分势力范围。雄鸵鸟以一种非常壮观的"炫耀"方式和很多雌鸵鸟交配，雄鸵鸟会蹲下，左右摇动着扇动它们背上的双翅。交配一般在雄鸵鸟挖给雌鸵鸟的窝里进行。第一个在雄鸵鸟挖成的窝里产蛋的雌鸵鸟要负责守护和孵化这些蛋，被称为头号雌鸵鸟。它们每两天会产 8~14 枚卵，但让人惊讶的是，这些雌鸵鸟也会允许其他雌鸵鸟在它的窝里产蛋，只要它们是由雄鸵鸟带过来的就可以。

鸵鸟蛋是世界上鸟蛋中最大的，有厚厚的壳，重达 1.9 千克，蛋的大小和产下这些蛋的鸵鸟的大小有关。研究表明，那些不是头号的雌鸵鸟也可以产下

3~20 枚卵。头号雌鸵鸟只能轻松地孵化 20 只蛋，但是它却知道哪些蛋是自己产的，哪些是其他雌鸵鸟产的。头号雌鸵鸟可能是根据蛋的外表、大小和形状来判断，并会将其他雌鸵鸟产的蛋推出窝外。

头号雌鸵鸟白天孵蛋的时候可以一动不动地待 90 分钟再换位置，有时会翻动蛋。它们不仅要孵化蛋，还要防止蛋被晒伤。在干旱的沙漠地带，雌鸵鸟灰白的羽毛可以起到很好的掩护作用，而在夜晚由羽毛颜色更深的雄鸵鸟孵蛋。

在整个非洲，狮子、黑斑鬣犬和豺狼是鸵鸟的主要天敌。豺狼群体攻击，会将鸵鸟蛋击碎，狮子和土狼的下巴非常有力，可以将蛋壳打破。在东非，埃及秃鹫会用从空中扔下有尖头的石头的办法将坚硬的蛋壳打破。

孵化从开始到结束需要 6 周时间，这期间主要由

上图：交配中雄鸵鸟的脖子会变红。雄鸵鸟会在它选定的孵卵地附近和好几个雌鸵鸟交配。第一个在窝里产卵的雌鸵鸟会成为头号雌鸵鸟，负责孵化所有的卵。

头号雌鸵鸟和雄鸵鸟照看小鸵鸟，以防战雕和土狼的侵袭。另一个让人惊奇的是它们有时会允许或吸引其他家族的小鸵鸟和它们的孩子凑到一起组成一个"超级小鸵鸟幼儿园"。它们认为很多小鸵鸟凑在一起可以减少自己的孩子被捕食者捕杀的概率。生存下来的小鸵鸟凑在一起会迅速成长，在一年内就可以长到一个成年鸵鸟的高度。

引诱甲虫的猫头鹰

在鸟类中，苏格兰乌鸦、埃及秃鹫以及啄木鸟雀

类都是使用工具的巧匠，但近年来科学家又发现了另一种会使用奇特工具的巧匠。

穴小鸮生活在北美、中美和南美的开阔草地和农耕平原上。除了栖息在北极冰原地带的更大个的雪鸮外，穴小鸮是唯一一种栖息在美洲，愿意在地上安家的猫头鹰。没有什么地方比遍布整个北美大平原的黑尾草原土拨鼠挖的洞更适合做穴小鸮的洞穴了。

草原土拨鼠挖的洞穴深达 2 米，长达 4.5 米，洞穴有很多出口。废弃的通道很凉爽，对筑巢的穴小鸮来说是一个非常安全的藏身地。

穴小鸮的体形相比栖息的广袤、开放又处处充满危险的平原来说要小得多，因此穴小鸮和草原土拨鼠需要从它们的地下巢穴的洞口处观察黑脚雪貂和红尾鹰等捕食者的行动。因此草原土拨鼠的洞口会有很多剪切好的草做掩护，但是穴小鸮却要保持它们洞穴周围的草不要太长。如果察觉到有危险靠近，它们就会迅速地通知其他穴小鸮。草原土拨鼠的吠叫以及穴小鸮独特的咔咔咔咔的警报声会提醒彼此危险来了，它们之间配合得很默契。

科纳塔盆地与南达科塔州的巴德兰兹国家公园接壤，这里的穴小鸮在南方度过冬季后会在 5 月初回到这里，并开始交配。它们交配伴随着一系列动作，眼神的交流，展示闪亮的白色斑纹，发出咕咕的叫声，弯身，抓挠以及不断地展示飞行技巧，这时雄穴小鸮会迅速飞到 3 米高的地方，在俯冲回原地之前会在空中盘旋 5~10 秒。成对的穴小鸮会在它们前一年用过的洞穴里筑巢，用一些干物铺洞穴。接下来雌穴小鸮会在这里产下 6~9 枚卵，然后孵化一个月左右。雄穴小鸮会在黎明和黄昏时分捕食老鼠、蚱蜢、蝎子、青蛙和小鸟，带给雌穴小鸮。为了捕食给雌鸟，雄穴小鸮会用到很多巧妙的捕食策略。

雄鸟会四处搜寻牛或野牛的粪便和其他动物的排泄物，然后用它们的爪子运回来，并小心地安置在洞穴的入口处，或者搬运到洞穴里面囤积起来。这些粪便是作诱饵用的。粪便的味道会引来屎壳郎等其他昆虫，它们会把粪便滚回它们的窝。这些粪便又被称为家门口的食物。北佛罗里达州的研究表明这种策略很成功，在粪便充足的情况下，给穴小

> 下图（左）：在洞口等待喂食的穴小鸮
>
> 下图（右）：成年雄穴小鸮捡拾母牛或野牛的干粪便掩盖在洞口处。
>
> 后页：雄穴小鸮在粪便掩埋好的洞边。当它外出捕食时，它的孩子以屎壳郎为生。

鹗一家带来的是它们正常食量 10 倍的屎壳郎。还有研究表明，在洞穴口堆积粪便还有其他用处，如告诉它的邻居这里的洞穴已经被占领了，但是这个结论还有待进一步确认。

到 6 月底的时候，通常会有四五只（有时会更多）毛茸茸的小鸟钻出洞穴。不久它们就会四处跳跃，跌跌撞撞地回到洞穴，在草原上练习扑腾着翅膀。当小鸟渐渐长大，它们的父母会渐渐忽略它们粗哑的求食声。当长到 6 个月大的时候，它们就要离开洞穴外出捕食。如果看到一只雄穴小鹗，十有八九它们都在从事着从父辈那里传下来的捡拾牛粪的工作。

喙和肚子容量一样大的鸟

鹈鹕，多么神奇的鸟，
它的喙可以装下比肚子还大的东西。
装进喙里的食物，
可以维持一周的生活；
但如果看到它们如何死亡，我绝不答应。
狄克逊·拉尼尔·梅利特，1910

白鹈鹕是最大的一种飞行鸟类，飞行时翼幅展开约有 3 米宽。鹈鹕属于群居性动物，在栖息地内共同

下图：白鹈鹕将要吞下一只小角塘鹅，然后喂食给它的孩子。南非鹈鹕还会侵占海鸥、燕鸥以及鸬鹚的领地，这是由沿海鱼类减少而导致的。

上图：炙热领地上的一只小白鹈鹕。它黑色的羽毛可以隔绝热量。虽然黑色在太阳的照射下会很快升温，但是黑色的羽毛会比白色的小绒毛更隔热。

右图：鹈鹕中一种比较常见的合作捕食法——鹈鹕组成马蹄形将鱼包围起来然后将它们驱赶到浅滩，这样鹈鹕就可以轻易地将鱼铲起来。

生殖繁衍。百分之八十的鹈鹕生活在非洲的内陆湖上，离南非小岛西开普敦 9 千米的地方有个前哨。

　　白鹈鹕于 1955 年开始在南非安家落户，生存繁衍。当时由于海狗数量的增多和捡拾鸟粪（海鸟的排泄物）等因素的干扰，20~30 对鹈鹕从福尔斯湾的海豹岛飞到这里安家。直到今天，南非的鹈鹕数量增长到大约 700 对。

　　白鹈鹕可以活到 30 多岁，在三四岁时达到性成熟阶段。在南非，它们大概在 8 月份筑巢，一般会产下两枚卵，然后孵化一个月。通常只有一只小鹈鹕会被养大，即使是这样，仍然需要耗费很多精力给幼鸟寻找充足的食物。直到 20 世纪 70 年代，南非鹈鹕才会飞到内陆地区的淡水沼泽和河口地区捕食鱼类，有时 8~12 只鹈鹕通力合作来捕捉鱼类，它们围成马蹄形将鱼类赶到浅滩上。但是近年来，由于栖息地的破坏以及自然食物供给减少，鹈鹕会吃开普敦地区的猪

和鸡农场上的一些下脚料，或者是不得不捕食一些其他的海鸟充饥。

差不多鹈鹕在南非栖息的同一时间，成千上万只海角塘鹅也会在附近的马尔加斯岛繁衍生息。在海洋鱼类繁盛的时候，海角塘鹅有时会从很高的高度俯冲向海面捕捉凤尾鱼和沙丁鱼喂食给饥饿的小海角塘鹅。成千只海角塘鹅像利剑一样射向海面，场面相当壮观。

过去，如果海角塘鹅父母中其中一只外出捕鱼，另一只就要待在窝中照看小鸟。但是近年来，由于鱼的数量减少，海角塘鹅父母可能都需要外出捕食，这样它们的孩子就待在窝中没人看守。之前鹈鹕并没有注意到这种情况，但是有一天，一群留守的鹈鹕在领地转悠时发现了小海角塘鹅，于是就用它们的尖嘴戳，将小海角塘鹅装进喉囊中，然后再吞下苦苦挣扎的小海角塘鹅。只有一些较大个的小海角塘鹅和旁边那些严阵以待有着防御能力的父母才有可能躲过这致命的一劫。

除了捕食小海角塘鹅外，白鹈鹕还吃它们自己领地的小活鸟，包括海角鸬鹚、黑背鸥、燕鸥甚至非洲企鹅等。这种行为似乎很残忍，但是鹈鹕为应对激烈的生存竞争，需要喂养更多嗷嗷待哺的小鹈鹕，因此它们利用巨大的喙吞食轻易可以捕捉到的小猎物也不足为奇。

滴滴养育情

颔带企鹅从左耳到右耳有一圈黑色的条纹，就像头盔带，因此得名颔带企鹅。颔带企鹅是最争勇好斗的一种企鹅，尤其是在抚养小企鹅方面。企鹅夫妇一般出现在南极半岛和南极辐合带的亚南极群岛南部，这里是极地水和温带水相交汇的地方。梦幻岛

是南设得兰群岛上活火山最多的一个岛，这里栖息着14万~19.1万多对企鹅夫妇。梦幻岛的西南面，是企鹅最多的地方，这里聚集着大概10万只企鹅。

10月份，春天来临，第一批企鹅回到岛上，开始向山上爬去。雄企鹅在这里争抢着最好的筑巢点——没有积雪的地方，主要是由于此处地热和温暖的小环境。雄企鹅找到筑巢点后，就等待着以前的配偶的到来。大约五年后，它的注意力才会转移到另一个雌企鹅身上。如果雄企鹅的原配出来，两只雌企鹅之间必须会有一场恶战，失败的一方有时还会被推下山坡。11月底它们会将两只卵孵化在小石头的圆形平台上，在12月底会将卵孵化出来。

企鹅夫妇轮流守卫它们的小企鹅，防止亚南极贼鸥从空中侵袭，而另一只则需要天天外出觅食，这非常考验耐力。火山岩浆峭壁非常陡峭，上面覆满了冰块，企鹅走在上面非常容易滑倒。它们还要遭受快速喷发出的雪融水以及穿越隐藏在险峻峭壁中的暴风雪。当企鹅历经千难万险终于到达海岸时，它们还要

下图：颔带企鹅将磷虾喂食给长得很快的小企鹅。为了在南极严寒季节来临之前长出足够多的羽毛御寒，小企鹅的父母需要付出很多心血。

下页：颔带企鹅在南极洲的大本营位于梦幻岛上的火山口边缘。由于火山喷发的热气，这里没有积雪，为企鹅早期的生殖繁衍提供了绝佳场所。但要爬到山顶，是对它们耐力极大的考验。

面对破坏力巨大的海浪。

颌带企鹅主要以类似小虾的磷虾为生。为了捕食，它们可能要游 80 千米的距离，还可能潜到 100 米深的地方。不能飞翔的企鹅有自己的办法，靠着翅膀的助推力，颌带企鹅可以在一秒内游 2 米。在海中捕食数小时后，它们的肚子里装满了磷虾，然后带回去喂食给小企鹅。食肉的豹形海豹可能会潜伏拦截这些筋疲力尽的企鹅。如果逃脱，接下来就是回到群栖地，找到它们的孩子，将带回来的食物喂给小企鹅。为了防止其他企鹅的啄食和贼鸥的骚扰，它们会将食物反刍给小企鹅。

回到窝后，它们面临着一个艰难的选择——给哪个孩子喂食，尤其是在小企鹅长到三到四周，和其他家庭的小企鹅混在一起的时候，这种选择更艰难。这一时期，大企鹅可能会对小企鹅的要求置之不理，快速跑开。这有可能是大企鹅鼓励小企鹅看看外面的世界，或者是诱使它们离开其他家庭的小企鹅。还有一种可能性是为了考验小企鹅的奔跑能力，在这种情况下，最饥饿的小企鹅最有动力追赶大企鹅。这种追赶喂食法也有可能是用来分开小企鹅，这样小企鹅就不会为了吃食而相互争抢，减少了争抢过程中食物的丢失和浪费。无论是哪种可能性，跑得最快的那只企鹅才会有食吃，为了前方充满挑战的生活补充体力。

最后的冰上挑战

颌带企鹅大概是南极地区数量最多的一种企鹅，但由于它们筑巢会首选没有冰川的地方，所以它们只在某些地区分布。这也说明了梦幻岛上最大的企鹅栖

左图：跳进海中。在水中游泳而不是在破碎的冰块中挣扎时，颌带企鹅还是很有可能逃过捕食者的追捕的，有经验的成年企鹅比豹形海豹游得快。

上图：准备跳进海中。颌带企鹅必须时时小心。为了回到岸上的喂养区，它们必须逃过豹形海豹的追捕，海豹会捉成年企鹅，尤其爱捕食一些没有经验的幼年企鹅。

息地是在活火山附近。在南桑威奇群岛上的左瓦多维斯奇火山岛，每年春末都会有多达 200 万只颌带企鹅到达这里选地筑巢。但在更偏南的地方，积雪要一直到 10 月末才会融化。这里的企鹅栖息地范围相对来说要小一些，企鹅争先恐后地繁殖，等小企鹅数量达到一定规模时，要赶在秋季暴风雪来临前将小企鹅带到海边。在罗森塔尔群岛的岩石岛上繁衍的颌带企鹅在此形成了企鹅的一个栖息地，但安特卫普岛冰雪覆盖的冰川下则几乎没有企鹅。

夏末时，豹形海豹会在企鹅栖息地周围的浮冰上捕捉企鹅。此时，恰好是企鹅外出觅食给它们快速长个的小企鹅补充食物的时期。成年企鹅对于逃脱这致命的考验是很有经验的，它们很有可能逃脱被攻击的命运。但小企鹅就没那么好的运气了。

到了二月份，当小企鹅大约 9 周大时，它们会褪下在过去的两个多月里为身体保暖的最后一层灰色柔软的毛，露出又短又硬的成年企鹅的羽毛，这些毛形成一个保护屏障，可以阻挡冰冷的海水和刺骨的寒风。在二月末的时候，小企鹅的父母就会抛下它们，让它们独立生存。小企鹅苦苦等待它们的父母出现，但最终却徒劳无功。几天后，在急需食物的驱动下，它们就会潜进水中。这些不知所措、十分饥饿的小企鹅会聚到一起，拍打着它们的小翅膀，在岩石上滑行着。受同伴的影响，它们会一只接一只地在陆地上停留一会儿，但进入水里的想法会越来越强烈，进水后没多久它们又会回到海岸上。

小企鹅第一次进入水中肯定很吃惊，因为海水很刺骨，差不多 −2℃，而且它们以前从未尝试过游泳。它们的第一次或第二次尝试可能会失败，然后很快退回到最近的岩石上，但是不久后它们还是会离开小岛进入水中。捕食的豹形海豹甚至都不用抛头露面，因为这些小企鹅实在是太天真了。它们探出水面，徒劳地拍打着水面，还不是很会游泳。

罗森塔尔岛很靠近安特卫普岛，从安特卫普岛滑下的冰川在罗森塔尔岛岸边形成了冰悬崖，这里会时不时地滑下一些大大小小的冰块。有网球大小的碎冰块滑进水中，被风和浪吹到一起，形成大冰块。这些碎冰块在群岛间肆意移动。如果这些羽毛初长的小企鹅碰到水中移动的冰块，很有可能就是灭顶之灾。

还没学会潜水的小颌带企鹅碰到这些碎冰块时不是转身，却试图用它们的翅膀在水中开出一条路。它们在水中的挣扎会吸引岸边豹形海豹的注意。小企鹅还在与这些冰块做着斗争，试图在碎冰中找出一条生路，丝毫没有意识到海面下的巨大生物。而可怕的豹形海豹就在小企鹅身后露头，然后它们会潜到冰下面。这时海豹就不需要着急了，因为小企鹅正被无助地困在碎冰中。突然小企鹅从海面上消失了，被海豹拖进水里。在水下，豹形海豹在碎冰中无法游动，但有可能会在没有碎冰的地方脱身而出。它们会暂时放开小企鹅，小企鹅会游走，但仅仅是暂时的。海豹会用牙齿咬住小企鹅，然后用力甩动它们的头部，从头部到尾部抽打着小企鹅。小企鹅的尸体残骸将顺流漂向海岸。

当然，每一批从海岸上游到水中的小企鹅只有少数的几只会被捉住，大多数会到达相对安全的宽阔水域。在这里，它们学会游泳、潜水、捕食，在下一季时会回到栖息地开始新的生命轮回。

惊为天人的尾巴

在美洲已发现的大约320种蜂鸟中，最稀有最不平常的一种是凤尾蜂鸟。这种蜂鸟仅在秘鲁存在，它们的独特之处在于它们有四根尾羽，外面的一对呈球拍状，雄性尾羽的长度两倍于体长，发着蓝紫色的光并且尾巴末端像盘形的"刮刀"。它们可以独立生存，在交配季节，雄鸟会以独特的方式展示它们的尾巴，在当地被人们称为"被蝴蝶追赶的蜂鸟"。

在里奥乌特库班巴山谷东部的高高森林斜坡地带可以发现几处凤尾蜂鸟的栖息地。在十月到第二年五月的繁衍季节里，雄性蜂鸟会聚集在求偶聚集地的多刺灌木丛中——这里离地面仅有几米高，雄鸟站在枝头向来往的雌鸟展示，炫耀。站在树枝上的雄鸟看起来就像是一个小乒乓球，尾巴的羽毛像布帘一样垂下。

当雌鸟经过时，它们挺起君王般的蓝紫色的羽冠，在头部以上轻轻拍打着夺目的尾巴，有时也会在树枝上扭转身体，喉咙部位发出闪亮的蓝绿色。为了加强这一效果，它们甚至会飞到空中。它们在空中盘旋一会儿，原地旋转然后回到原来的枝杈上，如此反复七八次，每次返回到枝杈上时都会发出尖锐的咔嗒声。在下层灌木中光线暗淡的地方，雄鸟喉咙部位和羽冠闪闪发亮的羽毛仿佛在向雌鸟施展催眠术，这也可能是雄鸟身体健康的一个特征。这种求偶展示大概会持续15~20秒，如果其他的雄性对手出现的话，它们就会一决高下直到一方被击败并撤退。求偶展示完成后，雄鸟会在树枝上擦拭鸟喙，好像是在这场耗费精力的展示后清除身上的灰。

在求偶聚集地要吸引到一只雌鸟，雄鸟需要重复做这个动作很多次。一只雄鸟大约每隔一个小时就回到这里跳一次求偶舞，即使最后雄鸟成功吸引到一只雌鸟来到展示树枝上，这也不能保证雌鸟会和雄鸟交配。最近一些证据显示雄鸟会脱毛然后在下一个繁衍季节来临前重新长出新的尾羽。它们是已知的唯一一种脱毛的蜂鸟，这也说明了它们的尾巴在求偶时的重要性，同时也表明随着时间的变化，雌性的选择会有

下图：凤尾蜂鸟在灌木丛中暗淡的光线中展示它们美丽的闪闪发亮的羽毛。表演的最后一部分是飞起来，并在枝杈间盘旋，它们的翅膀发出呼呼的声音，尾巴抬得高高的。

后页："被蝴蝶追赶的蜂鸟"在吸食花蜜后展示它们漂亮的尾羽。

助于雄鸟神奇的蝴蝶尾巴的进化。

现在，凤尾蜂鸟的处境相当危险，几十年来大量的森林被砍伐，导致凤尾蜂鸟的数量急剧减少，现在只剩下不到一千只。但是它们美丽的尾巴可能会拯救它们。现在人们越来越意识到凤尾蜂鸟的美丽，当地人很为之自豪，并接受教育，大力发展旅游业。以前会捉这种闪闪发亮小鸟的孩子们现在会唱着关于凤尾蜂鸟的歌曲，并引以为豪。

欢歌载舞时

当天堂鸟的尸体标本第一次被贸易探险队带回欧洲时，标本中的鸟是没有翅膀和爪子的。欧洲人不知道翅膀和爪子已经被当地的商贩按照习俗切除了，因为只有这样，天堂鸟才能用作装饰品。欧洲人却就此认为这种没有爪子的鸟从不降落在地面上，仅在丛林中飞行，像灵魂一样，借助它艳丽的羽毛巡弋飘浮，因此他们把这种鸟称为天堂鸟。

的确，印度尼西亚、托雷斯海峡岛、巴布亚新几内亚和澳大利亚东部的热带雨林就是动物的天堂，因为这里充足的食物可以让它们在相对短的时间内饱餐一顿，剩下来的时间则投入到求偶活动中。食物富足的地方一般会出现密集的生物群落，求偶的竞争也就很普遍了。天堂鸟求偶炫耀也是煞费苦心，让人难以置信。雄性动物的羽毛会呈现出离奇的形状，以此给面临众多选择的雌性留下印象。

戈氏天堂鸟常见于离巴布亚新几内亚西南部不远的弗格森山坡和诺曼比岛的丛林中。由于安德鲁·戈氏于1882年描述过该鸟，因此它得名戈氏天堂鸟。雄性戈氏天堂鸟会在同一片场地中成组展示自己，有时会多达十只一起展示，这种行为也被称为求偶炫耀。它们羽毛的排列异常闪耀，使正在观赏的异性眼花缭

上图：一只正在展示自己的戈氏天堂鸟，它是巴布亚新几内亚最艳丽的鸟类之一。当它与求偶竞争对手比拼歌喉时，会上下挥动翅膀，高抬尾巴让羽毛散落开来，这一切都只为赢得雌性同类的关注。

乱，但是根据什么区分它们呢？那便是它们的叫声，即使算不上特别悦耳，也是多种多样的。雌鸟没有在场时，雄鸟会用"喔喔"或安静的"嘶嘶"声来召唤彼此。如果雌鸟被吸引到树上，叫声就变成很大、很

响的"嘶嘶"声。两只雄鸟开始展示它们的羽毛时，最开始是一只雄鸟发出响亮的带有金属质感的"喔"声，然后另一只雄鸟发出越来越急促的声音，直到这个叫声变得流畅，这种类似钻井的声音响彻整个森林。

当雄鸟发出二重奏的时候，它们会在树枝上面对面，身体处在同一水平线上，头部略微下低。它们的翅膀成展开状态，但放得很低，翅膀会上下扫动，好似在划船。雄鸟将羽毛提升起来，羽干成垂直状态，长长的羽毛向下垂落。天堂鸟可能也会在它们的展示树枝上上下飞动。展示的强度会逐渐增加，直到一只雄鸟停止表演，离开这个展示区的中心安静躲在一边，观看剩下的表演。胜利的雄鸟会停止四处飞动，慢慢停下滑动羽毛的动作，不发出一点声音。相对木讷一点的雌鸟会安静地停留在雄鸟旁边一会儿，然后开始

振动它们的翅膀。其他羽翼未丰的未成年的雄鸟则在场外作为观众，可能会和雌鸟进行短暂的性交，但大获全胜的雄鸟却不把它们放在眼里。长时间的展示过后，雄鸟会慢慢靠近雌鸟，将它们的脖颈和胸部放在雌鸟的背部来回摩擦。然后雄鸟会用它们的翅膀将雌鸟包裹起来，开始和雌鸟交配。

相比较而言，国王天堂鸟是所有天堂鸟中个体最小的一种，只有16厘米长，并有着独立的展示区。在阿鲁群岛、新几内亚和西巴布亚（之前称为伊里安

查亚）的低地森林中会发现国王天堂鸟的踪迹。雄鸟呈类似珠宝样的深红色，有着白色的腹部，尾巴由两条长长的尾端线组成，尾巴尖上有着鲜绿色的圆盘状羽毛。

虽然天堂鸟的体形很小，但是它们却有着动人的歌喉，虽然这些声音都是用来标榜领地的。最有特色的叫声由一系列逐渐降低的音调组成：喔—嗡—哇。有时候会有多达 15 个音调排成一列，大多数音调都很高很快，有时也会比较舒缓。一系列叫声的音高和音量会有很大不同。雄鸟也会发出音调逐渐升高的叫声，相较之下，更低沉一些；雄鸟还会发出一系列听起来像猫生气时发出的"喵"声。所有的这些叫声都是为了标榜雄鸟的存在，所以雌鸟很少发出叫声。一旦严肃的展示活动开始时，雄鸟的歌声就会变成流畅的吱吱声和咕咕声。

雄性天堂鸟大多数时间都待在它们的展示区内，日复一日地早上第一个到达，五点离开。它们在自己领地的树叶和枝叶上寻找足够的昆虫和水果充饥，每天大多数时间都在它们的领地内欢歌载舞。

雄鸟不但在雌鸟在场的时候展示，而且在一天的不同时刻也会进行展示。当雄鸟从它展示的树枝附近拔下一两片叶子时就表示雄鸟开始表演了。雄鸟展示分为六个阶段，但并不是每次表演都会演完全套。首先表演的是翅膀呈杯子形，雄鸟高高地站在枝杈上，翅膀半开，并快速振动。接下来表演的就是舞蹈展示，包括使翅膀向右转，靠近头部，高高竖起它的头部使它的尾端线在头部上方转动，然后晃动身体。如果雌鸟在观看，雄鸟会背对着雌鸟表演。表演进入摆尾阶段时，雄鸟会有力地摆动它们的尾巴，这样它们的尾端线就可以在头部来回摆动。这可能就是表演的最后阶段，也有可能还会进行水平展开翅膀表演。雄鸟的两只翅膀都向前展开，飞到树枝上振动翅膀，然后飞到树枝下方重复这个动作（展开双翅表演的反向阶

段）。表演结束时，雄鸟会合上翅膀，在树枝上倒挂摇摆（钟摆展示）。

如果雌鸟在场并且对雄鸟的表演印象深刻，那么雌鸟就会和雄鸟一起站在树枝上摇摆。雄鸟来回摆动，用它半张的鸟喙触碰雌鸟。雌鸟将背部对着雄鸟，雄鸟跳上雌鸟身上，在雌鸟飞进森林之前和它进行短暂的交配。

这可能是动物界中一种最夸张的交配展示。这揭示了天堂般的热带环境中如何将各种生物从采食的竞争中解放出来，从而可以使雄鸟将精力投入到更绚丽的羽毛和舞蹈展示中，也可以使雌鸟能够有时间好好选择雄鸟。

建造师和设计师

不像其他的鸟那样用华丽的羽毛吸引异性，雄性褐色园丁鸟把精力花费在建造和修整鸟类世界最复杂的建筑上——有着奢华屋顶和花柱的凉亭。这件装饰华丽的艺术品表明了雄鸟有着健康的体魄，同时雄鸟也在此展示它仿佛来自另一个世界的宣告领土的刺耳叫声，包括口哨声、粗嘎声、咯咯声、咳嗽声、吐痰声、类似齿轮转动声。它还会模仿附近的任何鸟类包括鹦鹉的歌声。

只有西巴布亚多贝拉伊半岛的阿尔法克、滩若、万达门的山脚和山区森林的园丁鸟才会建造这些有顶的凉亭。花柱就是一节树干四周有一节节的小树枝，园丁鸟把这个编造成大约 1 米高 1.6 米宽，有着拱形入口，圆锥形的小木屋。屋顶一般用兰花茎，有时也用小树枝和蕨类植物做成。雄鸟用苔藓将木桩底部覆盖住，延伸出去的苔藓形成巨大的绿色地毯。然后雄鸟用很多色彩鲜艳的水果、花、蝴蝶翅膀、橡子和鹿粪的混合物来装饰它们的凉亭，不同地区的园丁鸟所

用的装饰混合物会有所不同。

　　如此精湛的建筑技艺需要持久不断地用新珍宝来设计和装饰，同时还要防御其他雄鸟的入侵。周围大约 1000 米之内会有六七只其他的园丁鸟在虎视眈眈地准备偷取凉亭的装饰。长长的交配季节意味着连续数月的密集辛勤守护，雄鸟至少会有一半时间停在凉亭周围的高处来看守它们的凉亭。雌鸟则四处查看和观察着雄鸟的每件珍品，衡量着它们之间的相对价值。雌鸟到来时，雄鸟会唱着歌快速飞回到凉亭后面躲避起来。如果雄鸟成功打动雌鸟，那么它们就会在雄鸟的这件获得认可的建筑物边上，有时也会在凉亭里面进行交配。一些较小的雄鸟用的装饰物比较少，建造的凉亭没有那么壮观，所以只有一些经验丰富的雄鸟才能建造出大大的色彩丰富的凉亭，并获得机会交配。

右图：雄性褐色园丁鸟正在展示它的装饰技巧。它偏好橙色和红色，对真菌也情有独钟。它相邻的对手可能会更偏好其他的颜色。凉亭的入口处覆盖着苔藓，这个耗时耗力的建筑可能会成为雄鸟的圆形剧场，在这里它们会模仿其他雨林鸟类的动听歌声来吸引雌鸟。

第七章

大获全胜的哺乳动物

大约 6500 万年前，动物界中有一类动物生活得很成功，并很好地定义了它们生活的地质时代：即今天谈论的新生代，或者说是"哺乳动物时代"。现在，哺乳动物大概有 5000 种，有一半是鸟类，它们在地球上占据绝对地位。如果你对此怀疑，那么很有必要想想我们人类本身就是哺乳动物，现在地球上有 70 多亿人口，还有数十亿我们养的牲畜、宠物以及害虫。我们重塑了地球，将其生产的产品一半为我们所用。但是哺乳动物是如何超越其他物种的呢？我们得以大获全胜有什么秘诀吗？

哺乳动物获得如此成功是出乎意料的。我们耗费了那么长的时间才成为地球上的重要角色。对于我们的进化史来说，我们渺小，神秘，却又毫不起眼。3005 万年前，是最原始的"似哺乳类爬行动物"时期，后来哺乳动物经过 1000 万年的时间才进化了一些我们今天能见到的特征，这个时间是很让人震惊的。

最早的哺乳动物进化中的一个创新就是我们独特的吃饭器官。和其他脊椎动物不同的是，我们的下颌是一块单一的骨头，上面布满许多不同形状的牙齿。这种新型的下颌和专业的全套牙齿（犬齿、门牙、臼齿等）可以使哺乳动物更精确更锐利地咬下和咀嚼食物，并提升哺乳动物捕捉食物和处理食物的能力。

下一个重大的进步就是活动的敏捷性和灵敏性。在爬行动物很小的时候，它们的动作还算敏捷。长大后，爬行动物的四肢向两边伸展，十分笨拙，这使它们在跑动时，必须前后甩动身体。哺乳动物在这方

左图：一只小公老虎——典型的现代哺乳动物，具备让哺乳动物大获全胜的所有特征：能够处理食物的全套牙齿，能够进行复杂交流的敏锐感官，无论外界天气如何都能够自行调节体温进行活动的能力。

P152-153：北极熊——世界上最大的陆地食肉动物。

上图：小幼狮正使用着它妈妈的便携喂奶器。哺乳动物这类动物的得名来自它们改良的汗腺，可以用来喂奶。

面更好地进化了。哺乳动物进化出四肢，这样当它们躺下时，四肢就可以很紧凑地放在身下。这虽然减少了稳定性，但在追赶猎物或逃生时可以迅速改变方向。

大约在 2005 万年前，第一种"真正的"哺乳动物才出现。它们在大小和行为上类似鼩鼱，专食昆虫，在夜间活动，有着小小的眼睛和敏锐的嗅觉和听觉。数百万年来，哺乳动物身体矮小，在一些白天活动的大型爬行动物的逼迫下，只能夜间活动。但是，正是在与恐龙和其他爬行动物的竞争中，才成就了今天的哺乳动物。

长时期的夜间活动，使哺乳动物练就了绝佳的听觉和嗅觉，也扩展了大脑所对应的这些区域。这些感官的加强能够让它们进行复杂的交流，并进一步扩大它们的大脑和专有的大脑新皮质区域，大脑新皮质区域主要控制感觉的感知，动作的指挥，空间的推断以及有意识的思想和语言。

在夜间活动，意味着早期的哺乳动物不得不想出办法保持足够高的体温以保证夜间的活动。就像鸟类一样，它们进化出保持身体恒温的化学物，利用食物产生热量，并用隔热的皮毛或脂肪保持体温。但是成为温血动物，就不得不面临新陈代谢速度变快达爬行动物的十倍的考验。这就意味着它们的食量是爬行动物的十倍。这也是哺乳动物很容易饥饿的原因。

寻找食物的巨大代价部分由它们的有氧耐力弥补了，哺乳动物的这种有氧耐力是爬行动物的十倍，它们就可以行走更多的路以寻找食物。保持恒温的身体促进了诸如汗腺等降温机制的进化。这又进而导致可以给后代提供一种便携式的食物供给方法——喂奶，喂奶的器官是由改良的汗腺发展来的。

与爬行动物的竞争迫使哺乳动物进化出很多独特的能力，但是在6550万年前，大多数哺乳动物仍然是夜间不太起眼的生物。一些事情改变了哺乳动物的命运。一颗巨大的小行星撞击在墨西哥尤卡坦半岛的附近地区，整个地球陷入一片黑暗。接下来，白天活动的大型恐龙灭绝，一直受压迫的、温血的、有着大脑的、夜间活动的哺乳动物开始占上风。

这一重大的事件之后，哺乳动物就不再受它们的天敌恐龙的压迫了，它们进化成我们今天所知道的哺乳动物的模样——从个体很小的大黄蜂蝙蝠到地球上个体最大的生物——蓝鲸。而现存的鳄鱼、蜥蜴、蛇以及一些鸟类却成为哺乳动物的致命劲敌。

通过观察今天的哺乳动物，我们可以发现它们在动物界取胜的很多特征。北极熊身上显示出能够在极端寒冷的条件下生存的神奇能力，北极熊的这种生活方式可以追溯到哺乳动物的起源。奇特的狐猴展示了夜间活动的感知力在进化中所发挥的作用，以及小哺乳动物从它们的父辈中学习如何养成行为的适应力，这种能力在其他类的动物中并没有出现，这也是哺乳动物能够进化成功的最基本原因。

右图：山地大猩猩家族。漫长的父辈养育和社会交际可以给很多小猩猩向长辈学习的机会。

和爬行动物相比，长鼻鼩身上显示出哺乳动物身体的灵敏性和忍耐性，因此它们开始在白天活动。稻草色果蝠展示出飞行上的优点，迁徙这一伟大壮举，以及最简单的社会协调能力。黑斑鬣狗让我们见识到能发动战争的复杂族群的进化，雄性驼背鲸争夺配偶的行为向我们揭示了哺乳动物的生存方式，这种生存方式让它们成为地球上最大最壮观的动物。接下来要讲的故事向我们展示了哺乳动物能够称霸世界的美丽、个性以及适应性。

北极熊和极地鲸

再也没有任何动物能够像世界上最大的陆地食肉动物——北极熊那样，能让我们了解哺乳动物的特点

了。它既展示了哺乳动物的优点，又暴露了哺乳动物的弱点。但要了解今天的北极熊的行为，我们需要追溯一下它们的过去。

大约 20 万年前，在阿拉斯加东南部的洛伦高地区，一小部分棕熊被冰川的移动隔离开来。我们认为这就是为什么今天的北极熊与这个岛上的棕熊关系如此密切，甚至比其他的棕熊关系更近的原因。事实上，我们可以说北极熊就是一种白色的"棕熊"。这些被隔离开的棕熊发现它们四周被越来越多的冰雪包围着，不得不适应这种严寒的海洋环境。北极熊依靠皮毛和脂肪保存它们的身体产生的热量，还会产奶和捕获食物给它们的孩子吃。这些生存能力能够使很多哺乳动物在爬行动物并不能生存的极端的极地地区生存繁衍。

随着这些早期在冰上生存的"棕熊"捕捉冰上的

海豹，它们的身体和很多其他的行为也开始进化。它们的牙齿与其他大型吃草的棕熊相比更锋利，更适合撕咬肉。白色的皮毛可以在它们捕猎的时候起到更好的掩护作用，更长的脖子方便捉到海豹，并适合长距离的游泳。为了抓住冰块，它们的爪子变得更短更强有力，脚也长出有节的爪子。重要的是，它们抛弃了熊类传统意义上的冬眠，因为现在它们要在整个冬季捕猎。北极熊——最新进化的一种熊，能够很好地适应极地的气候，并迅速从洛伦高地区横穿到北极。但是在这个过程中，它们变得越来越依赖海上冰川，因为这里提供给它们主要的食物，它们在这里捕捉环斑海豹和髯海豹。

今天，阿拉斯加东北部波弗特海上的巴特岛成为观察北极熊的一个最佳地点。这个鲜为人知的小岛就像在美国偶然遇到的那些小岛那样遥远荒凉。这个新

世界的西部山区成为与严酷的波弗特海接壤的平坦的海岸平原。每年的一月份，北极熊妈妈都会在冰雪覆盖的窝中产下它们的小宝宝。在三月或四月的时候，它们通常会和两只小北极熊待在海豹生存的浅的大陆架地区的海冰上。

随着夏天的到来，海冰开始从海岸地区消退融化，北极熊妈妈必须做出一个重大的决定。是带着小北极熊待在逐渐融化的冰上远离陆地，还是和孩子们游回没有食物的岸上？

科学家们已经在波弗特海地区研究北极熊的行为数十年了，也记录下了北极熊做出的这些惊人复杂的决定和它们最新遇到的挑战。过去的几十年，北极熊

> 下图：北极熊正在大啖北极露脊鲸的残骸。搁浅的鲸鱼和因纽特人捕捉的鲸鱼是阿拉斯加北海岸地区饥饿的北极熊秋季重要的食物来源。

妈妈在没有融化的大陆架靠岸地区的海冰上生活，这里生存着海豹。但是近年来，随着全球变暖，冰川在秋季就已经退后了 150 多千米。这就意味着北极熊家族要选择冒更多的艰险游很远的距离到陆地上，在这里它们可以保持能量，而不是跟着遥远的浮冰块漂流在荒凉的大海上。

2004 年的一项空中调查发现，4 只成年北极熊在试图横穿大海的过程中被暴风雪袭击而溺亡。小熊更不擅长游泳，所以它们格外脆弱。在最近的几十年中，为了生存，有百分之五十的小熊溺亡。这是很严重的情况，因为北极熊是所有哺乳动物中繁殖最慢的一种动物，每只北极熊妈妈在一生中只有五次生育机会。

一旦北极熊被困在陆地上，它们通常会靠休息来储存能量，靠体内厚厚的脂肪储量生存。阿拉斯加北部的熊是幸运的，因为波弗特海岸是露脊鲸迁徙途中

的必经地。露脊鲸经常会搁浅或者是沦为捕食者的猎物，在北极熊等待海水再次冻结时，露脊鲸成为饥饿的北极熊家族维持生命的主要食物来源。

在动物王国中，北极熊有着最灵敏的嗅觉，有经验的熊妈妈知道哪片海岸能够给它和它的小熊提供食物。巴特岛可能是唯一可以见到这种稀少社会行为的地方——这些通常状态下都是独居的动物，此时却可以聚在一起并形成最大的集会，多达 65 只北极熊在一起食用鲸鱼的残骸。如果刮北风，这也是世界上唯

上图：北极熊本来可以吃到髭海豹，但却因为海上冰川逐渐融化，捕食变得格外困难。几乎所有的北极熊正常食谱中都有海豹，海豹脂肪丰富，可以帮助北极熊取暖。

下页：熊妈妈和小熊正在咬食已经冻成冰块的食物。这个巨大的鲸鱼大餐给带着宝宝的有经验的熊妈妈提供了生机，这里聚集着大量的北极熊。

——一个可以看到棕熊和北极熊聚到一起的地方。这种北极熊聚在一起的盛会，有力地证明了哺乳动物极好的适应力和灵活性。

为了生存要学会敲打

马达加斯加的指狐猴是存活的哺乳动物中最神奇的一类。它们在 1780 年首次被发现，科学家一开始认为这是一种新出现的松鼠，因为它们有着大大的多毛的尾巴，以及一直不断生长的类似啮齿类的牙齿。但到后来，它们类似猴子的骨骼说明了它们是世界上最大的夜间活动的灵长类动物，是狐猴的近亲——狐猴也在马达加斯加岛上生长进化。有着蓬松的皮毛，大大的皮质耳朵，明亮的眼睛，长而细的手指，指狐猴也是世界上最奇怪的一种动物。

指狐猴大小和家猫差不多，在夜间攀爬热带雨林

下图：有着松软耳朵的小指狐猴正练习着敲打和手指刺戳的技巧。它们还要继续观察妈妈的技巧好几年。

的树端寻找食物。马达加斯加没有啄木鸟，所以就有了可以将昆虫从树木中取出来的动物，这就是指狐猴。它们用长长的手指在树枝和树干上敲打，速度可以达到每分钟 40 次，同时用极为灵敏的耳朵听着。它们可以诊断出实心木头和有着由钻木昆虫钻出来的小洞的木头之间的细微差别。指狐猴的听力很好，甚至可以发现正在爬行的幼虫。

一旦指狐猴发现了小洞或者昆虫，它们就用尖锐的前齿在树上远离虫子的地方咬一个洞，这个虫子就只有死路一条了。然后它们用细长得奇特的中指将幼虫拉出来。这个手指有一些特点：弯弯的，比其他的手指长 3 倍，极其灵活，能够从连接处向两边 30 度的方向移动。

"敲打寻找法"是一项复杂的技巧，每个小指狐猴要耗费数年的时间才能学会。刚出生时，小指狐猴的耳朵柔软无力，在大约 6 周时才可能发挥作用。小指狐猴在窝中待一个或两个月，很快就学会了爬树、倒挂。渐渐地，它们在树林中可以像它们的父母一样灵活，但是在还未出窝之前，它们就开始模仿妈妈的样子学习敲打。它们观察着妈妈，试图模仿妈妈敲打时精细的手指移动，这项练习会花费它们活动的四分之一的时间。

如果指狐猴妈妈发现了食物的位置，小指狐猴会争先恐后地挤过来，将妈妈挤出去，争相夺取着胜利品。小指狐猴吃一个大幼虫的样子，很像人类的小孩吃冰激凌。一开始，它们会将幼虫的头部咬下来，将很难消化的昆虫的口器吐出来。昆虫的内脏会顺着指狐猴的手指往下滴。所以它们的舌头就会顺着手指舔一圈，吸食这些美味多汁的部分。但是小指狐猴也是很挑剔的，它们会等着妈妈将新食物检验一遍后才吃。

小指狐猴直到 15 到 17 个月大的时候才学会"敲打寻找法"，而且大概要花两年的时间学习整个的捕食技巧。大约到了 4 岁的时候，小指狐猴才能够独立

生存，这时通过"敲打寻找法"所找到的食物占到它们整个饮食量的百分之十到百分之十五。有趣的是，如果指狐猴被关着养大，没有成年指狐猴的教导，它们是不会这种"敲打寻找法"的，这也说明这是一种后天学习的技巧。

　　与它们的狐猴亲戚相比，夜间活动的指狐猴有着和身体大小不符的巨大大脑，可能是因为"敲打寻找法"的复杂机制需要强大的听力和嗅觉感官。

　　这种夜间活动的狐猴有着令人无法否认的奇特长相，被当地的马达加斯加人认为是魔鬼的先驱者。一些人认为如果指狐猴用它们长长的中指指向你时，那么表明你肯定会受诅死亡，如果指狐猴在村庄出现，那么表明肯定会有村民死去，只有杀死指狐猴这种动物才能阻止事情的发生。这种迷信使得指狐猴的处境非常危险，它们曾经一度被宣告灭亡，后来才又被发现还有指狐猴存在。今天，它们面临着更大威胁，指狐猴依赖的森林家园正逐步减少。

快线生活

　　有一种哺乳动物比大多数的哺乳动物都让科学家感到神奇——它就是长鼻鼩。首次提到长鼻鼩是在19

世纪中期，动物学家认为这种动作敏捷、长相奇怪的生物和鼩鼱有关。它们有着长长的、类似大象的鼻子，格外喜欢吃昆虫，它们被发现后，就称为"长鼻鼩"。接下来，科学家们试图找到它们的真正祖先，并认为它们一定是羚羊、灵长类动物甚至是兔子的远亲。最近的分子研究显示，它们是非洲哺乳动物非洲兽的一种，这些非洲兽有着共同的祖先，包括蹄兔、土豚、海牛，当然还有大象。然而，似乎长鼻鼩比这些动物生存能力更强。

哺乳动物在生长的过程中体形的变化速度之快是大家早已知道的。大象，陆生的最大的哺乳动物，行动迟缓，当然也是寿命最长的。但是相对较小的15种长鼻鼩却被迫过着马不停蹄的生活，仿佛生活在锋利的刀刃上。成年的红褐色的长鼻鼩仅重达50克，生活在东非干旱的灌木丛中。它们的眼睛扫视东西的速度非常快，很像是羚羊和食蚁兽的奇特结合。长鼻鼩的食物很多都是没有多少食用价值的——比如白蚁和蚂蚁。长鼻鼩体形很小，但是新陈代谢速度很快，因此长鼻鼩面临的主要困难就是如何消除它们的饥饿

> 下图：红褐色的长鼻鼩以闪电般的速度奔跑在它们的跑道上。它们的主要困难就是如何找到足够的食物来保持活跃性。

感。它们的解决之道就是妥协和一点点的操控技巧。

由于一直处于饥饿状态，长鼻鼩不得不在白天很活跃，但白天又充满了危险，因为它们的活动很容易引起诸如猫鼬、捕食鸟和爬行动物等天敌的注意。为了战胜这些敌人，红褐色的长鼻鼩构造了一系列简洁明了的路径，它们会记住路两边一些熟悉的细节，还会用到一些用脚和尾巴留下的气味记号法，然后跟着这个气味跑。它们以闪电般的速度沿着这个路径狂奔，在遇到碎片时会停下，用它们灵敏的前足向两侧扫开。它们的跑道上一根小小的树枝都有可能引发灾难性的后果，所以长鼻鼩一天只会花费它们活动时间的百分之二十到百分之四十用来在跑道上奔跑，移除障碍物。这种在就像鼹鼠地下通道的跑道上奔跑的方法还有一个额外的好处，就是能够更容易定位昆虫的位置。

红褐色的长鼻鼩不筑巢也不挖沟，它们就像羚羊一样，生活在地面上灌木丛中的藏身处。如果它们知道自己的藏身处被天敌给瞄上了，在快速跑到安全的地方之前，它们会用后腿敲打地面，可能是为了警告它们的配偶和孩子们危险来了。

从长鼻鼩身上可以看到很多哺乳动物胜过爬行动物的优点。每只长长的腿都在身体下面而不是两旁，与同样大小的爬行动物相比，长鼻鼩和大多数其他的哺乳动物一样，在奔跑方面更灵活。温血动物的特征使得哺乳动物在耐力方面是爬行动物的十倍，同时它们也更擅长逃生。但是爬行动物也有它们自己的优点，一些小的长鼻鼩也会采用爬行动物的生存技巧，在夜晚将体温降到只有5℃，进入到一种蛰伏状态，这样就可以节省它们平时保持较高体温时所需消耗的98%的体能，然后它们会在破晓后阳光的照射下使体温回升。

长鼻鼩实行一夫一妻制（只有一个配偶），它们拥有的领土范围也很广阔，大约有1600~4500平方米，在这么广阔的土地上，它们需要防范其他同性长鼻鼩

上图：红褐色的长鼻鼩搜寻着食物，它们主要以白蚁和蚂蚁为生。它们对跑道有着充分的了解，这样就可以快速逃生。长鼻鼩要让它们的跑道保持清洁，没有障碍物，这样既可以快速跑动，又可以准确地定位猎物的位置。

的侵扰。这有着盛大的展示。

　　竞争对手会在领地的边缘碰面，慢慢地走向对方，抬起它们长长的前腿，摆出一副趾高气扬的姿态，尽量使自己看起来更强壮威猛一些，这场仪式可能会突然变成一场模糊不清的皮毛战——长鼻鼩的战斗在几秒内就会结束。一对长鼻鼩会产下一只或两只早熟的小鼩——它们完全是大长鼻鼩的缩小版，全身披毛，有着很好的视力和协调动作。新生的小长鼻鼩藏匿在跑道两边，它们的父亲不给予它们任何关怀，但却帮助它们维修跑道，保护着它们的领地，以警告捕食者。

　　长鼻鼩体形很小，在夜间活动和捕食昆虫吃，但是它们在白天也可以很活跃，这些行动如闪电般的动物为我们了解早期的哺乳动物如何进入到白天提供了些许提示。

大型栖息地的群居生活

　　1986 年，一个富有传奇色彩的英国外籍人士大卫·劳埃德出发到赞比亚北部寻找一个偏僻的沼泽，这里仅离充满危险的刚果边界几千米远。从当地人那里听说这里有一群蝙蝠生活在沼泽中部的深处，所以他来到这里寻找这个地方，穿过厚厚的有着弯曲树干和藤蔓的丛林，他听到远处有一阵喧嚣声。最后得知就是成千上万只食果蝙蝠发出的巨大的尖叫声。劳埃德为科学界发现了地球上动物界最壮观的景象。

卡桑卡是一片平坦湿润、覆盖着无法穿越的罕见常绿沼泽的森林，所以最开始劳埃德不清楚果蝠栖息地的大小。事实上，科学家们也是几年后才意识到劳埃德发现了世界上最大的果蝠栖息地。每天傍晚六点多一点，大约800万到1100万只巨型果蝠离开这个比纽约城中的中央公园（0.5平方千米）稍小的地方。

蝙蝠是一种不算古老的哺乳动物，最开始出现在大约5000万年前，它们的祖先生活在树上并在夜间活动。它们的翅膀从伸长的手指骨进化而来，由一层柔和但生长快速的皮肤包裹着。每只手的拇指上都有独立于翅膀的爪子，能够帮助它们攀住树木。但是在

下图：一只稻草色的果蝠离开聚集地，在夜间寻找食物。大约十周的每个晚上，果蝠消耗的水果的量是它们体重的两倍多。这些果蝠究竟从哪里来，回到哪里去，至今仍是一个谜。

下页：非洲最大的哺乳动物聚集区，这简直是个奇迹。这些巨大的果蝠到几千米外的森林中寻找成熟的果实，破晓时分它们会回到这个大型的栖息地中。

飞行中仍然有很多限制。如果在太阳底下飞行，它们的体温会过高，因此它们倾向于在夜间活动，这样也避免了和鸟类之间的竞争。果蝠的膝盖和人类相比，可以向相反的方向弯曲，这样它们就可以像船舵一样，在空中掌控尾部的薄膜。然而它们能够向后弯曲的膝盖并不能让它们像鸟类一样栖息在树枝上，所以它们休息的时候不得不倒挂在树上，在睡觉的时候用特殊的肌腱将腿固定住。

有两类蝙蝠，一类是我们熟悉的比较小的，大多数是吃昆虫的小蝙蝠亚目，它们有着小小的眼睛，用回波定位来飞行；另一类就是体形较大的生活在热带地区的飞蝠，或者是果蝠，发球大蝙蝠亚目，这类蝙蝠主要吃水果和花蜜，它们在黑暗中飞行主要依靠大大的聚光眼。这两类蝙蝠占据了所有哺乳动物种类的百分之二十还要多，它们的生存在哺乳动物中也堪称佳话。飞行的生活可以让蝙蝠、鸟类以一种节省能量的方式快速移动以寻找季节性的食物和气候，这使得它成为哺乳动物中数量最多的一种。

稻草色的果蝠是非洲最普遍的一种哺乳动物，它们遍布在北至毛里塔尼亚，南至开普敦的地区。每年十月份，成千上万只巨大的果蝠从非洲中部地区飞至赞比亚北部的卡桑卡地区，使这里成为世界上最大的果蝠聚集区。但是它们飞行的详细细节以及它们为什么飞到这片狭小的森林地带，仍然未知。雌果蝠来到卡桑卡时，通常都处于孕期的不同阶段，尽管它们很少在那儿生产。这是一个很重要的线索——卡桑卡并不是果蝠繁衍的地方。其他栖息地的果蝠则会同时生产，这就表明了卡桑卡的果蝠来自很多地方，有的甚至还是很远的地方。

对赞比亚当地人来说，卡桑卡意为丰收的地方，这也是果蝠在雨季开始时到达这个地方的原因。从十月份到十二月末的整个季节里，卡桑卡有着让人叹为观止的水果种类和产量：莓果、枇杷、无花果、芒果，

上图：在白天聚集覆盖在一枝树枝上的成百上千只巨型果蝠，这是已发现的最大果蝠群。果蝠群的自身重量经常会导致树枝断裂。

还有这些水果的叶子、花粉和花蜜。

每天傍晚，每分钟会有 15 万只果蝠离开这里，它们长长的翅膀有着很强的耐力，可以飞到 59 千米远的林地周围寻找食物。它们吃东西的时候非常吵闹，庞大的体形阻碍了它们在树层高的地方寻找食物，这也避免了和农民们的冲突。它们吃的时候，会对花朵进行授粉，同时散播成百上千株重要的生态和经济树种。

在破晓时分，果蝠群就会回到驻地，在冉冉升起的太阳照射下，它们就像是成百上千只橙色的蝴蝶在空中盘旋。一平方千米的果蝠数量是非洲所有羚羊总数的五倍，这块栖息地是生命的一种壮观景象。这些果蝠体形庞大，数目巨多，以至于无法生活在

树洞或洞穴中，它们只能挤在露天的树枝上。树叶和树枝被果蝠成千上万只爪子加上它们的自身重量而剥光，更多的果蝠来到这里，使得这里快要被挤爆了。十一月份，果蝠的数量达到最高峰时，果蝠群的规模相当明显。地球上只有一个地方的果蝠聚集地比这里更大一些，它就是著名的得克萨斯布兰肯洞穴，那里聚集着 2000 万只体形相对来说较小的墨西哥无尾蝙蝠。然而这些蝙蝠的体形在卡桑卡的巨型果蝠面前相形见绌。

它们的翼幅大约有 1 米宽，庞大的数量使这里成为世界上哺乳动物最密集的地方。大约有 2500 吨果蝠聚集在这块小小的林地中，它们的重量相当于 500 只大象的体重。但是几乎没有人见识到这个盛况。

这个拥挤的聚集区永远处于动态中。这些果蝠梳理着毛发，筑巢，睡觉，拍打翅膀，有时甚至会争吵。总的来说，这里是很壮观的，它们和谐地相处着。稻

草色的果蝠一直在不停地交谈，这是它们身上众多谜团中的一个，我们不明白为什么它们交流得那么频繁，也不知道它们到底在说什么。有时候，整个树枝和树上布满了果蝠，以至于树枝无法负荷巨大的重量而被压断，已经死去或正要死去的果蝠遍布森林。受伤的果蝠会爬到附近的树上，然后变成木乃伊。附近的鳄鱼听到树木断裂的声音后，会离开水面伺机捕食那些不走运的果蝠。

食肉鸟是这些哺乳动物由来已久的死敌。战雕、冠鹰雕、非洲鱼鹰在露出沼泽森林的高高的树枝上搜寻着这块地方，就像很多其他的猎鹰、鹰、较小的鹰以及秃鹫一样。但是要抓到一只果蝠并不像看上去那么简单，这些食肉鸟会被果蝠巨大的阵仗迷惑住，从而变得无从下手。有时候它们试图从树上猛拉果蝠，想把它们从果蝠群中拖出来，或者在果蝠飞行的途中攻击它们，但是这些果蝠会迅速地从空中落下。一些果蝠会被捉住，但只是庞大数量中的九牛一毛。所以大多数的果蝠都平安地生存着。果蝠栖息地中食肉鸟的影响相对较小，说明群居生活的另一个优点——捕食者不便行动。

大约十周的每天晚上，果蝠所消耗的水果重量是它们体重的两倍还多，这个数字意味着聚集在这里的果蝠在这段时间内消耗掉 5 亿千克左右的水果，相当于几亿根香蕉。在圣诞前后的几个夜晚，整个的果蝠群会离开卡桑卡。就它们的绝对数量来说，这是地球上最大的哺乳动物迁徙盛况。这场盛世一直不为人知，直到最近才被科学界发现，这似乎很神奇。但是一个更大的秘密仍未揭晓：这群果蝠究竟从何而来，到何处去？

最近，海蒂·里克特和他的同事将卫星传送器安置在卡桑卡的四只果蝠身上。研究结果是十分惊人的。每只果蝠离开卡桑卡会向北沿着不同的路线飞行。一只果蝠在一天晚上会飞行 370 千米，另一只果蝠被追

踪到数周来飞行了 1900 千米，后来它消失在刚果热带雨林深处。这表明它们往返卡桑卡的总路程至少有 3800 千米，这成为世界上陆生哺乳动物最长的迁徙路程。在这些果蝠来到卡桑卡地区之前它们来自哪里仍然是未知的。卡桑卡这个巨大的栖息地可能还有很多重要的秘密需要探索。在非洲，人类用到的水果、坚果和木材的百分之七十是由果蝠授粉和传播造就的。非洲中部人民和雨林的生存很大程度上依赖着这块巨大的果蝠栖息地，这是真的吗？

在赞比亚只有一个已知的稻草色果蝠栖息地。但是它们栖息的常绿沼泽丛林正快速消失，现在已经濒临灭绝。私营的卡桑卡信托机构正致力于保护这个果蝠栖息地，这样可以让更多的人见到这种神奇的景象，也可以更多地了解蝙蝠。令人振奋的是，在人类已经探索开发过的世界中，仍然可以看到哺乳动物聚集的盛况。

重量级的较量

哺乳动物中最壮观的一种盛事就是发生在雄驼背鲸之间的拍打鳍部、猛击下巴、跃出水面、吐泡泡、比武竞赛等一系列争斗。这种景象被生物学家描述为"发热实验"，这场盛事会有多达 40 头鲸参与其中，它们的打斗通常都很激烈，目的是为了获得雌鲸的青睐。

驼背鲸大概是世界上为了争夺雌性而决斗的最大的哺乳动物。当完全成年时，一只雄鲸平均有 15.5 米长，重达 40 吨（雌鲸甚至更长，重达 44 吨甚至更重）。交配竞赛发生在热带水域地区，每年冬天驼背鲸会从它们的极地食物区游长达 4000 千米的距离来到这里。虽然热带地区的食物很少，来到这里，它们不得不依靠自身厚厚的脂肪储存过活。它们为什么不干脆在原

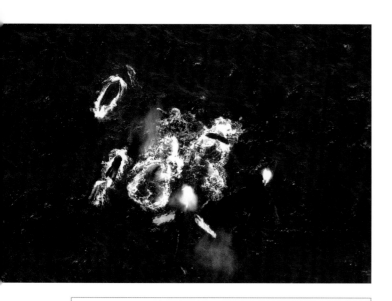

上图：水下多达 40 只雄驼背鲸为雌鲸而进行比赛，这是它们在水下比赛时，水面以上的情景。

下图：一场升级的战斗。相互竞争中的雄鲸可能会持续战斗数小时，通常会猛击对方，很有可能导致受伤甚至死亡。

来的食物区繁衍呢？受孕的雌鲸不远千里来到这里，可能是因为这里较高的温度可以让小宝宝度过最初的几周，很有可能它们的产仔区就决定了与追随它们的雄鲸交配地点。

对雄驼背鲸来说，一个主要的挑战就是在浩瀚又贫瘠的热带海域中找到自己的配偶。它们所采取的一个办法就是唱歌——一种复杂的发声系统，它们似乎与鸟的歌声有很多相似的地方，歌声中包含着有力又低频的元素，这样歌声就可以在水下很好地传播到几千米远的地方。通常在夜晚，雄鲸会盘旋在深海中，重复着它们10~20分钟歌曲的一部分，而且一唱就是几个小时，产仔区都随着它们刺耳的声音震动。这些歌曲是唱给雌鲸听的，还是给它们的对手听的，抑或两者都有？这都没有准确答案。但是它们的歌曲是变化的，每年的鲸鱼歌曲"流行

榜"都会有所不同。

雌鲸进入热带地区只有一天或两天的时间，那么对雄鲸来说第二个挑战就是如何找到一只两情相悦的雌鲸。好像如果雌鲸有同样的想法，那么它们会向水中散发一种化学气味表示同意雄鲸的示好。有趣的是，已经发现雄鲸会在水面上张开嘴等待着，很明显它们也尝到了水中的味道。

当雄鲸开始聚集在雌鲸周围时，雌鲸就会游走，然后雄鲸快速地跟在雌鲸后面。雄鲸中个头比较大的一只是"头号首领"，会紧跟在雌鲸身后，其他的小鲸鱼或还未成年的雄鲸则在周围徘徊着，可能是在学习竞争的技巧。如果有一只同样体形的雄鲸试图做头领时，那么争夺头领位置的比赛也就拉开了序幕。它们拍打着鳍部，露出水面，吐出泡泡以发出警告。涌动的泡泡可以作为一个视觉障碍，将雌鲸隔开来或是警告它的对手。如果战事升级，就会出现猛击下颌的场景，雄鲸之间互相追逐着，不断地跃出水面，将它们的下颌重重地猛击在水面上。如果比赛继续加剧，雄鲸就会猛击对方，试图将对方赶到水下。竞争中的雄鲸可能会向对方撞去，或者试图比对方更高地跃出水面，这样的动作通常都很猛烈，有时会受伤。雄鲸很有可能在激烈的战斗中死亡。

人类试图将经过的卡车大小的鲸鱼组成的鲸鱼群拍摄下来以研究它们为了追求雌鲸而进行的快速激烈

上图：大鲸鱼跃出水面，通过投入水中巨大的撞击显示它们的体形和力量。

的追赶，很明显这就像是一场在跑道上没有设定方向的追逐。只有从空中才可能看到整个场面，才可以观察到这场激烈追逐赛的力度。这些比赛很可能会在水上或水下持续数小时。当头号首领或是挑战者被驱逐出去后，获胜者最终会和雌鲸齐头并进。但是接下来故事如何发展却是个谜。尽管科学家们耗费了数千个小时的时间来观察它们，尽管鲸鱼很有可能会在深海中进行交配，但是没有人知道具体的地点。

为什么这些体形庞大的鲸鱼会进行如此耗费体力，到了最后有可能是非常危险的比赛呢？很有可能这些比赛是雌鲸快速评估雄鲸持久力以及是否合适的

一个很好的方式，通过这种方式，雌鲸在浩瀚的海洋中找到它们的伴侣。

雌性保家卫国

几千年来，黑斑鬣狗或"笑鬣狗"使人们对它们离奇的、有着魔力般的行为产生了令人不安的猜想。人类和黑斑鬣狗的接触由来已久，首先出现在非洲，后来出现在冰河世纪的英国和欧洲，现在这里的黑斑鬣狗早已灭绝了。但是近来科学家们开始意识到它们身上所体现的生物学，揭示了一些比那些令人不安的传说更为奇怪的事实。

鬣狗的外表看起来很像狗，但它们和猫、猫鼬以

及麝猫的关系要更亲密一些。在这四种生物中，黑斑鬣狗的体形最大，也最不常见。雌鬣狗从外表和动作看起来都很像雄鬣狗，甚至还有一个雄性生殖器。它们的生殖系统在哺乳动物中是很独特的——有一个长长的管状的假阴茎，大小、形状和雄鬣狗的很相似，是由阴蒂和阴囊辅助形成的。有了这个仿雄鬣狗的阴茎，雌鬣狗的排尿、交配甚至生产都要通过这个假阴茎完成。因为这个奇怪的身体组织，生产是一件极其危险的事情，因为第一个出生的小鬣狗要弄破雌鬣狗的假阴茎。第一个出生的小鬣狗中的四分之三都会在出生时死亡，有百分之十第一次分娩的鬣狗妈妈也会在分娩时死去。哺乳动物家族中有四分之一的雌性比雄性体形大，还有一些雌性有着仿雄性的生殖器（包括蜘蛛猿、狐猴、欧洲鼹鼠），但这些动物都没有黑斑鬣狗进化得成功。

那么雌性假扮成雄性到底有什么好处呢？其中一个理论就是，这是该物种竞争激烈的公共捕食的结果。雌性比雄性更男性化——体形更庞大，更具攻击性，比雄性更占主导地位。最令人生畏的雌鬣狗和它们的孩子会优先进食，可以使它们更具侵略性，享受着更多的雄性荷尔蒙。但对食物的争夺并不是雌性黑斑鬣狗有着雄性特征的唯一原因，因为很多其他的雌性食肉动物都会争夺食物。

鬣狗族群从它们一出生就开始学习如何具有进攻性和进行族群合作。虽然雌性鬣狗都会有同胞姐妹，

> 下图：雌性鬣狗和它的女儿。这个小幼崽将继承它妈妈的地位，很有可能有过一个同胞兄弟，但在几周大的时候被杀死了。

但是几周后，有一半的幼崽都成了孤身一人。在哺乳动物中，黑斑鬣狗幼崽一出生就有功能性的尖牙，这是很独特的。但在它们出生不久后，这些小幼崽就开始激烈地打斗，通常一只会将另一只杀死。同性双胞胎鬣狗之间的打斗尤为致命。它们的出生地土豚地洞能够保护幼崽不受狮子的攻击，但却阻挡不了它们之间的打斗，而这些地洞对鬣狗妈妈来说又太小，它们无法进入并阻止这场打斗。

鬣狗妈妈是非常优秀的母亲，但它们却面临着很多的挑战。它们通常需要走到很远的地方寻找食物，小幼崽会被单独留在窝中长达一周，比其他哺乳动物的幼崽单独待的时间都长。一只鬣狗妈妈可能会外出寻找食物多达 50 次——一年的里程数可能达到 3600 千米，返回时会给它们的孩子带来丰沛的乳汁。鬣狗妈妈会很快教会它们的宝宝很多社会技巧，以使它们融入复杂的族群中，族群里有 3~80 只鬣狗。人们认为黑斑鬣狗是相当聪明，有着极其复杂族群系统的动物。

对于雌性幼崽来说，社会地位是从它们的母亲那里继承来的，而且雌性领袖的后代在族群中享受优先进食权。这种复杂的族群一个明显的优点就是合作捕食。黑斑鬣狗是动物界中的清道夫，这是一个谜：它们在非洲动物中属于最有技巧的捕食者，它们食物的百分之七十都是自己捕食的。整个族群分成小的捕食队，捕食的目标是和斑马、羚羊一般大小的动物，甚至还有非洲水牛、长颈鹿和一些小象。它们是很有耐力的选手，有着很大的心脏，这可以让它们以每小时 10 千米的速度长距离慢跑而不感到疲倦，也能够以每小时 50 千米的速度追赶猎物到长达 3 千米的距离。有时候追赶猎物会持续长达 24 千米。

鬣狗族群的结构不仅在与其他的鬣狗族群相抗衡时有用，而且在抵抗它们的死敌——狮子时也是很有用的。不同的种族通常会忽视彼此之间的地理界限，但是鬣狗和狮子在保卫它们的领土不受对方侵犯时，就像防止同类进入自己的领地一样睚眦必报。在任何有可能的情况下，狮子都会杀死鬣狗。相反，鬣狗是幼狮的主要天敌，如果鬣狗的数量足够多，它们甚至会杀死成年的狮子。

鬣狗族群能够成功抵抗狮子的侵袭或适当控制它们的伤亡是由雄狮子的行为和这个族群能否招募到足够多的成员加入到其中决定的。它们的狭路相逢通常都是你死我活。在埃塞俄比亚戈博勒沙漠中，狮子和鬣狗的一场争斗会升级为持续两周的"战争"。在杀死 35 只鬣狗、损失 6 只狮子后，狮子最终赢得战争的胜利，将鬣狗赶出领地外。然而，黑斑鬣狗仍然是非洲最常见也是最成功的大型捕食者。它们复杂的族群行为为我们了解适应力强的哺乳动物如何进化并取得成功提供了线索，而且可以帮助我们理解社会甚至是战争的来源。

| 下图：鬣狗族群联合起来将狮子赶出它们的地盘。数量上的优势，密切的合作，在鬣狗和狮子族群中都是至关重要的。

第八章

热血的狩猎者

哺乳动物能取得今天的成就，一个主要的原因就是它们的学习能力。如果能从曾经的成功和失败中吸取经验教训，那么就能很快适应特殊或变换的环境中的考验。大多数哺乳动物，尤其是寿命比较长的哺乳动物，都会在抚养后代上花费很多精力。年轻一代从父辈身上学到积累了一生的宝贵经验，并从中受益，所以，相对于竞争对手来说，它们有着很大的优势。较强的学习能力带来的快速适应能力就是哺乳动物能够开发利用一些最残酷环境的主要原因。

本章着重讲解哺乳动物在捕食猎物和躲避天敌时个体的适应性行为和群体数量优势。有时候，会出现一些针对某些特定情况和场合的战略策略。比如说莱瓦山丘的斑豹兄弟。它们很有可能是世界上唯一定期捕食鸵鸟的猎豹。它们并不是非要这样做，而是它们已经学会了怎么去做。通力合作捕捉如此具有潜在危险的动物，是斑豹兄弟比这个地区的其他猎豹拥有的优势，这使得它们能够牢牢守住自己的领地长达十年之久。

但是对所有的捕食者来说，无论它们的策略多么

右图：一只母狮子正穿越奥卡万戈的一条河流。它正追着狮群，狮群在开始追赶水牛群时召唤了这只母狮子。狮群捕猎的成功之处在于每个成员能够通力合作。

前页：虎鲸将一只灰鲸幼崽猛推到远离加利福尼亚海岸的地方。虎鲸是一种在海上短暂出现的鲸鱼，专门捕捉海洋哺乳动物。它们知道何时何地可以碰到迁徙回海岸的灰鲸和小灰鲸。虽然灰鲸妈妈会尽力保护它们的小宝宝，但它无法抵挡虎鲸团队合作捕猎的强烈攻势。

高超，要想捕猎成功，必须处于最佳状态才行。这可能意味着需要最佳的气候。一场雨可能会毁掉蝙蝠的捕食机会，在伯利兹，巨型猛犬蝠捕鱼时，由风引起的水上涟漪可能会毁掉这次捕鱼计划。所以猎手必须准备好利用每次机会。在一些情况下，还需要对领土细节有一些了解。

当然，并不只有捕食者适应环境，猎物也有很多摆脱被追捕的策略。就像捕食者的动作集中在发起进攻的那一刻一样，猎物也必须时刻保持警惕，一刻都不能放松，因为它们放松的时刻就是捕食者等待已久的时候。所以捕食者和猎物的生命是息息相关的。如果一个捕食者特别擅长捕捉某种猎物，这就意味着两者本身的数量是相互平衡的。很明显，本能在个体的生存中扮演着重要的角色，但是经验可以通过遗传传给它们的后代，就像北美野兔一样，它们的荷尔蒙在平衡捕食者和猎物数量上起着令人惊奇的作用。

自然界中充满着各种戏剧性和奇观。但是当适应环境的捕食者将它们的捕食技巧用到同样策略高超的猎物身上时，这浓缩着它们一生的斗争时刻是很让人为之着迷的。

速度最快的猫科动物 PK 最大的鸟类

很多哺乳动物捕食者都过着群居生活，比如狼群、狮群、逆戟鲸群。这样的生活方式在保卫领土和哺育后代方面是很有优势的。通常情况下群居都是雌性和雄性动物混居在一起，但对斑豹来说，它们的群居却是雄性之间的联合，一般是兄弟。

七八年前，三只成年斑豹出现在肯尼亚北部的莱瓦山丘。它们长相相似，有一只体形稍微单薄一些，它们可能是兄弟。三只斑豹从非保护区来到北部，最开始出现的时候，它们很紧张，也很不便于观察，随

着时间的推移，它们对人越来越熟悉，这样就可以观察它们了，它们令人惊叹的捕食技巧也被公之于众。

这个地区非常干旱，这里的地貌是由石山和广阔的平原组成的，平原绵延起伏一直延伸到北部山脉地区。很多生物都无法生存在这里，生活在这里的生物必须要适应难以捉摸的降雨环境。

斑豹没有像狮子或豹子那样一大群一起生活，通常不会试图推倒或制伏大型的猎物。它们完全依靠速度来抓住猎物，所以任何有可能导致它们速度减慢的伤害都有可能是致命的。但是斑豹兄弟并不遵循这个原则，它们会经常挑战一些极其庞大和具有危险性的动物。

大家可能认为斑马除了逃跑之外几乎没有什么抵抗力，但事实远非如此。斑马头部和尾部都是很危险的，它们的牙齿很厉害，可以咬出严重的伤口，腿上的踢功也很让人惊叹。一头成年斑马对一头狮子来说

下图：莱瓦山丘的斑豹兄弟。它们之间可以联手捕食一些大型的动物，甚至鸵鸟，这是单个的斑豹无法做到的。

上图：斑豹三兄弟中的一只正跟踪着猎物。斑豹的捕食技巧在于出其不意趁其不备，而不是长期的耐力战。

都可能是致命的，更不用说对斑豹的杀伤力了。尽管有危险，斑豹兄弟仍然经常捕杀斑马。它们采取的策略很直截了当：紧密地跟踪，适时轰跑，试图将小斑马隔离开来，然后将它们推倒，要么狠狠击中它们的后腿及臀部，要么从下面将它们绊倒。但是计划执行起来却是非常危险的——母斑马在保护它们的幼崽时是非常顽强的，有时马群中的种马都可能会加入到防御战中，使用的武器就是像鞭子一样的蹄子和露在外面的牙。

斑豹三兄弟通常需要共同努力才能制伏它们的猎物，它们的捕食大多数采取接力赛的形式——一只斑豹发起进攻，第二只接替而上，紧跟着是第三只，这种方法有可能会将斑马绊倒。

它们会对其他的动物，甚至是装备更厉害的猎物采取同样的策略。但是，有时即使是三兄弟联手也不足以拿下猎物。一只大羚羊能够拖着一只残破的前腿用它的剑角做武器抵抗斑豹保护自己，在斑豹放弃之前，它们能够坚持两个小时。一只年轻的大羚羊本来很容易被斑豹绊倒，但是斑豹很难抵御成年大羚羊团结一致又极具进攻性的反扑，这些大羚羊是非洲最大的羚羊，它们可以将猎豹顶飞到半空中。

一般看来，这三只斑豹的体形是非常大的，数量上的优势可以让它们挑战一下几乎不太能成功的猎物——成年鸵鸟。斑豹兄弟平均一个月捕捉一只鸵鸟。每次的捕猎情况都不一样。它们可能是在巡视领土时

上图：一只路过的雄鸵鸟被休息中的斑豹兄弟盯上了。斑豹开始盯梢，然后冲刺追赶。雌鸵鸟跟着它逃跑的配偶一起跑，也成为斑豹的目标。第二只斑豹继续跟进，盯上了这只雌鸵鸟。第三只斑豹也加入其中，三兄弟联手重磅出击将这只巨大的鸵鸟拿下了。

碰到一只鸵鸟，或者在主动出击捕猎时遇到。但是在大多数情况下，鸵鸟都是在无意中走近树下，而斑豹兄弟正在树下将头部抵在胸前假寐。

一看到鸵鸟，它们就小心翼翼不让鸵鸟察觉地站起来，以免惊动鸵鸟。一只斑豹打头阵，另外两只紧随其后，静待时机伺机而动。打头阵的斑豹在向前奔跑时头部低垂着，略低于它们的肩膀，眼睛紧紧地盯着它的目标。它们每一步都是经过慎重考虑过的，像鬼魅一样向前奔跑，巨大的肩胛骨一起一落，爆发出积蓄已久的能量。

它们时而侧身向前移动，时而不动，时而贴在地面上，斑豹开始缩短和鸵鸟之前的距离。每次鸵鸟抬起头时，斑豹都会站住不动。同时，另外两只在身后大约30米的地方跟踪着。在莱瓦山丘茂密的草地中要密切地关注三只斑豹的行踪几乎是不可能的，尤其是斑豹紧贴地面时。这些斑豹在跟踪鸵鸟时的技巧是非常高超的，以至于鸵鸟长长的脖子和锐利的眼神没有发挥出任何优势。

现在，领头的斑豹已经在离鸵鸟40米的范围内了，并隐藏在一片草丛中。突然，鸵鸟向一边重重地倾斜，然后开始全力以赴地狂奔。在离那里几米外的地方，斑豹的动作隐隐可见。当鸵鸟奔跑时，它长长的腿向前倾斜着，而且它加速起来很快，斑豹要捉住它似乎是不可能的事情。

但是斑豹也在快速奔跑着，目光紧紧锁住鸵鸟。突然，斑豹加速了，它紧跟而上，努力缩短与猎物的距离，向我们展示出世界上速度最快的选手的速度。它们就像从地面上飞起来似的，脚几乎都不触地，紧紧地跟在鸵鸟后面。它们扑向鸵鸟，用前腿钩住鸵鸟，尽力将鸵鸟向后拖，但是，鸵鸟的奔跑速度太快了，斑豹都被带跑了。好在斑豹的后腿是触地的，这样就会使鸵鸟的速度慢下来。现在，第二只斑豹一跃而上，抓住鸵鸟的一只翅膀，想将它的翅膀扯下来。第三只斑豹紧紧地捉住鸵鸟的脖子，并使劲向后拖，同时远离鸵鸟的身体以避开鸵鸟乱蹬的腿，鸵鸟的腿如果踢到斑豹，是会将斑豹的内脏踢出来的。

突然间，一切都结束了。斑豹必须抓紧时间进食，因为莱瓦山丘是狮子和土狼的天下，它们是很容易被赶跑的。斑豹进食时不会发生争吵，随时会抬起头看看有没有危险。可能是由于鸵鸟尸体形状的原因，它们似乎无法将鸵鸟翻过来吃另一面。但是这时，斑豹兄弟已经吃得很饱了，它们需要花上几天的时间躺在树下消耗刚才的大餐。

雪兔的兴衰史

很少有比加拿大的育空地区还荒凉的地方。冬天又长又冷，环境很严酷。温度经常降到 -40℃以下，刮风时，裸露在外的肌肤在几秒内就会冻僵。深厚的积雪、崎岖的地貌使得徒步在这里行走变得异常艰难。但是冬天也孕育着美丽。大雪使得地面景观的线条柔美起来，这里的山脉和森林看起来很像在童话故事中，北方的亮光让黑夜的天空挂满了不断变幻的灯幕。

> 下图：斑豹兄弟四处搜寻猎物。斑豹捕食时一般都是单独行动，但是这些兄弟已经学会了在捕猎时团队协作。

在干冷而平静的早上，各种动物的足迹在雪上清晰可见。从脚印上可以看出，狼群行走了很长一段距离，雪兔从树下的一块空地跳到另一块空地上，狼獾缓慢地向前移动着，寻找着食物。很多哺乳动物都有着华丽的皮毛，这并不稀奇，这些皮毛可以赚很多钱，于是在 300 多年前就吸引了很多捕猎人来到这里。为了金钱，皮毛交易带动了这片荒凉之地的发展。哈得逊湾公司是加拿大皮毛交易的中心，它详细地记录着每年的交易数量。对 20 世纪 30 年代早期的记录加以分析后，有了一些神奇的发现。

很明显，在 8~11 年这个时间段内，猞猁的数量和雪兔的数量同时增加或减少。好像是雪兔的数量最先达到一个高峰值，然后突然急剧减少，雪兔数量的锐减很快就反映在猞猁数量的减少上。在很长一段时间内，两者的数量仍然继续减少。在它们的数量达到谷底时，这种状态维持了好多年，然后开始慢慢增加，在大约十年后又再次达到另一个高峰。这个发现告诉科学家，猞猁和雪兔的数量在一定程度上是息息相关的，雪兔数量的减少导致猞猁数量的减少。但是，又是什么导致雪兔数量的锐减呢？

以前，人们认为雪兔数量太多时可能会自相残杀。事实上，雪兔的数量确实很多，最多时，每公顷会有四只雪兔，但是最近的研究表明雪兔数量减少的主要原因是天敌的捕杀。有着这样充足的食物供应，很多捕食者就完全盯着雪兔。像猫头鹰和其他食肉鸟、猞猁、狐狸、狼和狼獾都捕食雪兔。当雪兔的数量达到最高峰时，其他本来不捕食雪兔的捕食者也都插上一手。茶隼甚至是红松鼠都会捕捉整窝的小雪兔。雪兔捕食者如此多，以至于雪兔被吃掉的速度大于雪兔繁殖的速度。

雪兔数量锐减，所剩无几，但是很多的捕食者仍然非常饥饿，因此存活下来的捕食者不得不捕食其他猎物，但猞猁并未改变捕食目标。它们专门捕食

上图：雪兔正在咬食花骨朵。人们曾经认为雪兔数量的周期性锐减是因为过度放牧导致食物匮乏造成的。但是最后证实，引起雪兔数量锐减的诱因是雪兔的天敌开始大量捕食雪兔。

雪兔，以至于它们的命运和雪兔紧紧地联系在一起。所以，猞猁的数量也会锐减。但是，我们不明白的是，为什么雪兔数量在那么长一段时间都是那么少。曾有人认为雪兔繁衍的速度那么快，当捕食减少时，它们的数量应该会迅速回升。不过，最新的研究揭开了这个谜。

当雪兔的数量达到高峰时，捕食者给雪兔带来的压力就会非常大。压力造成雌雪兔产崽数量减少，每窝的小雪兔个体也变小。越来越多的雪兔被天敌捕杀，出生的雪兔数量减少，因此，雪兔数量会锐减。但是研究者认为，压力很大的雌雪兔生出来的小雌雪兔也是很有压力的。好像是妈妈体内的压力荷尔蒙影响了

它们还未出生的宝宝，这也导致出生的雪兔减少，个体变小。似乎这种压力影响着一代又一代，所有这些都是由之前的大规模捕食导致的。在这种大规模捕食过后3~5年，雪兔才又开始正常地繁殖，这时雪兔的数量才开始增多。

这种压力遗传会有什么好处吗？从个体层面来说，这是非常有益的。压力重重的雌雪兔生出的小雪兔很有可能成为天敌的捕食目标，所以它们的警惕性可能会更高些，这样它们就相对更安全一点。只有在捕食者数量减少时，雪兔生出的后代才会稍微放松警惕。

捕食者和猎物之间的命运是息息相关的，但是在猞猁和雪兔这个案例中，它们这种紧密相连的关系在自然界中属于一种很极端的现象。

| 下图：专门捕食雪兔的动物——加拿大猞猁。它们的数量和雪兔的数量是息息相关的。

夜行捕鱼者

　　所有的哺乳动物捕食者都试图超越领地的限制。独特的适应行为和高度调整的意识可以让它们在一些适应力差的群体无法到达的地方找到食物。但是它们之所以能取得成功并不仅是使用恰当的工具，在精准的时间充分利用机会也是很重要的。

　　伯利兹城是一块由流水冲刷而成的陆地。近千年来，已经冲刷出石灰石山脉，并由清澈的河水分隔开来。这里的降雨非常频繁，滋养了很多生命，尤其是雨林。这儿还有一种奇特的生物——蝙蝠。很多蝙蝠使用回波定位寻找猎物，它们在黑暗中大喊，然后倾听回声，从回声中它们会构想出前方的物体。但是较大个的巨型猛犬蝠除了在黑暗中看物体外，还有一个

上图：对于捕食者和猎物来说，这是一场关于生命的竞赛。捕食者数量增加的压力导致雌雪兔产下的雪兔崽减少。小雪兔继承了较高的压力荷尔蒙，反过来也会让它们保持更高的警惕。

下页：巨型猛犬蝠离开它们白天栖息的雨林树干，前往河边。这是一种可以在黑夜中捕鱼的飞行哺乳动物。

更大的问题——它们的猎物生活在水下。

　　巨型猛犬蝠的体形很大，再加上与众不同的外形，而得名巨型猛犬蝠，它们看起来很有威胁性。每天晚上它们都会从栖息地出发，前往河边。它们飞行时基本不发出响声，用一只或两只脚在水面上滑行，它们的翅膀非常僵硬，呈"Z"字形不断变换方向，它们寻找着暗示水下很有可能有鱼群存在的水波。巨型猛犬蝠以几乎察觉不出来的动作迅速下落到它们认为鱼所在的位置，用它们的脚在水中搜寻。

巨型猛犬蝠的脚是它们能成功捕食的关键。每只脚在足踝处都很纤细，但脚的长度一直延展到长长的脚趾处，脚趾有着钩行爪。它们的脚可以穿过水面，而脚底向前，脚上的钩行爪像抓钩一样向前伸着。水面上的任何鱼类都会被这个令人生畏的武器抓住。

下图：捕鱼行动。巨型猛犬蝠发出声波脉冲，扫过水面，聆听水面任何动作发出的回声，用于定位猎物的位置，在确定位置后放下它们的爪钩，抓住一条鱼，然后用它们飞行时的冲力将鱼拖出水面。

通常一只爪子会刺入鳃盖中，牢牢地勾住鱼，然后勾住的鱼就被拽着脱离水面，被蝙蝠的冲力带动向前。巨型猛犬蝠继续向前飞行，紧紧地抓着正翻滚扭动的鱼。蝙蝠有力地拍打着翅膀，准备开始向上飞，它们扭动着将鱼向前然后向上抬起，同时将头部向下弯，身子向右弓起。鱼被送到嘴里，蝙蝠一口咬住鱼的头部。还在空中飞行的时候，蝙蝠就开始快乐地享受这条鱼，它们将鱼塞进颊囊中，很快颊囊就被这胜利品塞得胀起来。

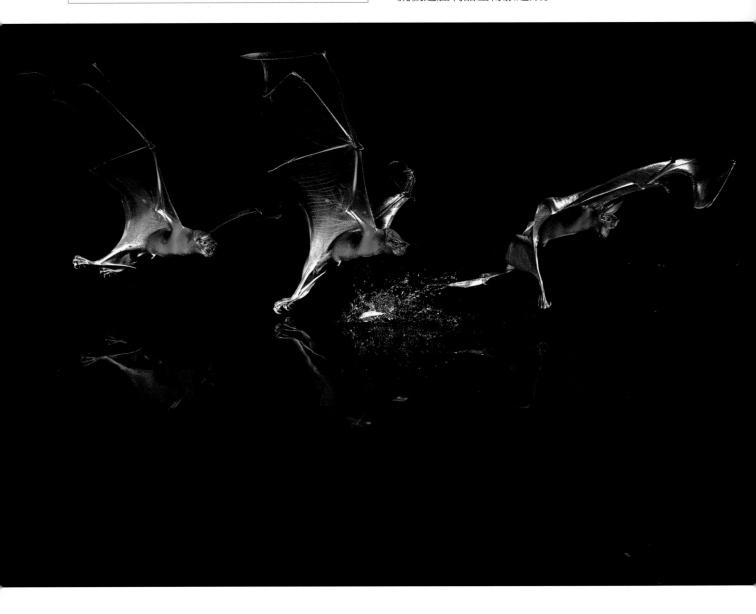

上图：捕鱼。巨大的爪子，按比例来说比老虎的爪子还大，用于在水面上将鱼钩住。

这一系列动作让人惊奇的地方在于巨型猛犬蝠所展现出来的动作的敏捷性和协调性。它们的速度非常快，飞行速度达到高于 64 千米 / 小时，在如此靠近水面的情况下抓住鱼需要高超的技巧。但是巨型猛犬蝠并不只有这一个技巧。

如果水面上没有出现鱼的迹象，巨型猛犬蝠就会凭借它们令人惊叹的记忆力回到上一次成功捕鱼的地方去。蝙蝠靠近水面滑行，像以前一样将脚伸进水中，只是这次蝙蝠会将脚伸进水面滑行长达 1 米。蝙蝠看起来就像是滑冰选手，它们耙子一样的脚展示出与众不同的力量。这些投机性抓捕是非常成功的，蝙蝠穿过水面的速度意味着鱼类根本就看不到蝙蝠的动作。

整个夜晚，巨型猛犬蝠在活动的高峰期就是如此捕鱼。但是在最好的捕鱼地点是存在竞争的。鱼类只在水面处停留很短的时间，因此巨型猛犬蝠必须充分利用这个时间点。在一些小水池，蝙蝠之间有可能会撞到彼此的危险，这时回声定位就发挥了作用。如果一只蝙蝠在通道上撞到另一蝙蝠，那么它们会发出一

个降了八度的回声定位，其他蝙蝠听到这个通常都会让路。

这个非凡的技巧是如何练就的呢？可能是巨型猛犬蝠从水面上捕捉昆虫发展来的，捉鱼只是从中迈出的一步。无论何时，这种技巧和能力的独特结合都使巨型猛犬蝠成为捕鱼好手。

虎鲸的池中捕猎技巧

在大西洋南部，你会看到水体蕴藏的巨大能量。巨大的灰色海浪拍打在岸上，展示出了积蓄的力量。这里全都被水覆盖，但在一年中一些特定的时节，几个小岛露出狂风大作的海面，成为南大西洋"野外居民"的绝佳去处。

其中的一个岛屿就是海狮岛，它是福克兰群岛的一部分。这是一个狭长的岛屿，北部是马鞍状的风蚀沙地和古老的泥炭地山脊。这里是巴布亚企鹅的栖息地，它们在遍布整个岛屿的宽广高地上筑巢。这些领地是对称的，景色非常美丽。当大风肆虐时，这些企鹅就像风向标一样，将脸转向背风处，看上去好似企鹅群在飞行一样。

每天早上和晚上，一群企鹅会赶到海滩，在广阔的海洋中觅食，而它们的伴侣则守护着它们的窝。每天傍晚都会有企鹅从海浪中跃出的盛况。它们快速游动着，并顺着海浪游回岸边。

它们如此匆忙地往回赶的原因很快被揭示。通过水幕，在它们身后，可以看到黑色的鱼鳍——虎鲸，这是海豚科家族里最大最凶猛的食肉动物成员。在海狮岛附近生活着一群，或许是两群虎鲸。在十一月和十二月，它们来到这里捕食比企鹅大一些的猎物——小南象海豹，这些海豹分散分布在岛屿的海滩上。

在九月和十月，这里很混乱，沙滩上挤满了抢夺

产卵区的雄象海豹，雌象海豹回到岸上生产然后再和雄象海豹交配。之后这里只剩下小象海豹了。象海豹妈妈生下小象海豹后只哺乳三个星期，就将它们抛弃在这里，而小象海豹要一直留在这里直到十二月或第二年的一月，这时它们逐渐成熟，而且十分饥饿，它们就会回到广阔的大海里去。

现在它们沿着海岸线躺着，在这浅浅的海湾里时而睡觉，时而嬉戏打闹，时而游泳。早上是它们最活跃的时候，它们会跳进标志主海滩南端的海湾中。这个特别的海湾绝对是它们的最爱，海湾周围包围着海藻，这里是小象海豹栖息培训的绝佳基地。

了解这个海湾的构造就可以理解接下来发生的事

情了。海湾大约是市政游泳池的大小。从海岸基岩向外延伸，在陆地那头的小湾是非常浅的，并向海里倾斜。在海边有一排岩石，正好横亘在海湾的前面，将海湾包了起来。

但是在岩石中部有一个通道将海湾和大海连接起来。这个通道大约有35~45米长，退潮时，这里既不会很深也不会很宽。偶尔小象海豹会检查一下这个通道的入口处，但是它们从不冒险进入通道，宁愿待在海滩的浅水区。对这样的水生哺乳动物来说，它们似乎对深水区很恐惧。它们确实很恐惧，虎鲸不仅知道这个小海湾的存在，而且还知道怎么进入这个小海湾。

第一批警惕的虎鲸进入这个小海湾是出于什么样的原因，我们是不知道的。如果这里的小象海豹一直发出声音而且传得很远，很可能是它们的声音吸引了虎鲸来到这个通道的入口处，还有可能是虎鲸从它们的妈妈那里得知这个特别的小海湾，因为好几代虎鲸

下图：胖胖的小象海豹躺在福克兰群岛海狮岛上它们的窝附近。它们在这里练习游泳，为海洋中的生活做准备。但是在涨潮时，这里的水会与大海相通，成为它们的天敌的通道。

都在这里捕食过小象海豹。

黎明前，虎鲸来到岩石防线的边缘处，沿着海岸来势汹汹地巡回，这时候是很安静的。通常情况下，可以看到这些远道而来的虎鲸浮出水面呼吸时从喷水孔直直地喷出来的泡沫。但是它们的喷气似乎都是无声的，它们钻出水面呼吸的次数也比平常少。在大多数鲸鱼沿着海岸转圈时，一只雌鲸后面跟着它的宝宝，向通道入口处游去。这种靠近有着令人恐惧之处，它们很快就进入到通道内。雌鲸游得很慢，仿佛是在感受海浪的力量，判断这里的环境对它和它的宝宝来说是否安全。进入这里是有危险的——因为如果雌鲸被巨浪卷到岸上而导致搁浅，它就再没有回到海里的希望了。

雌鲸安静地向前移动着，游过通道，进入到小海湾。在这儿它会稍微停顿一下，在水中一动不动地停留一会儿。可能它在用声波判断水中是否有小象海豹，但是可以肯定的是海湾中水下的能见度几乎为零，因为潮水一直将很多的海草卷进海湾。静静地停留了一分钟后，雌鲸转身，游回到宽阔的水域，后面跟着它的小鲸鱼。似乎雌鲸并不能在海湾中停留很长时间——可能是因为海浪会将它一点点推向岸边。雌鲸又一次尝试：进入到海湾中，等待，然后转身离开。每次小鲸鱼都会跟在雌鲸身后——可能就在这个过程中，小鲸鱼从雌鲸那里学到了一些知识，能够让它在长大后继续使用这个方法。

终于好运降临了。当雌鲸进入到海湾后，一只在浅滩中游玩的小象海豹决定游回到海湾中。当它向前游的时候，头部是钻出水面的，突然它注意到这个陌生而黑色的影子，既十分警惕又充满好奇心的小象海豹向黑色的影子靠近，然后停住了。

虎鲸已经完全注意到小象海豹的存在了，并能感觉到它的迟疑，它们慢慢地从水中升起，呼气时吐

上图：小象海豹在涨潮时的浪花飞溅中游玩，没有意识到入口处雌虎鲸和小鲸正悄悄地沿着通道进入海湾中。

出最轻的气息。这个简单的熟悉的声音让小象海豹放下心来，然后它又开始向前游，并游到距离虎鲸三四米的地方。就在小象海豹游到看不见的界线处时，虎鲸突然冲向前去。小象海豹根本没有时间反应。就像鲑鱼飞起来一样，它被抛出水面，海湾由于虎鲸猛烈扭动尾巴而直直地溅起了浪花，虎鲸向前扭动着身体，试图向通道靠近。将它们自己和120千克的小象海豹向前推动并不是一件容易的事，在虎鲸不断向前跃进时，小象海豹扑腾着身体，试图脱逃。终于，虎鲸回到了通道处，很快就会回到宽阔的海域。

当雌鲸鱼进入到宽阔的深海区时，其他的鲸鱼都向它游过来，一会儿就出现鲸鱼鳍部和背部挤在一起的混乱场面，黑色和白色在水中不断闪现，它们在水中不断翻滚着，跳跃着。但是很神奇的是，似乎小象海豹在头部跃出水面后就逃脱了，然后开始往海岸处游。

但其实这并不是意外，而是虎鲸故意放走小象海豹的。这个小象海豹体形很大，它有着尖锐的爪子和

满嘴的牙齿。虎鲸脸部周围的疤痕告诉我们一些猎物也会对捕食者造成伤害。所以为了把风险降到最低，虎鲸将小象海豹放走了，让它游回去。然后一只虎鲸突然以飞快的速度直直地撞向小象海豹的侧身，这个撞击力度很猛烈，可以将小象海豹撞出水面。这次毁灭性的撞击足以终结小象海豹的生命。一旦小象海豹被吃掉，雌鲸鱼又会回到小海湾，然后这个过程又会开始。在四天内，可能会有八只小象海豹被吃掉，这对鲸鱼群来说能够补充大量的蛋白质。

雌鲸鱼并不单单等着小象海豹游过它身边。如果小象海豹停留在通道边缘的暗礁处，雌鲸鱼就会通过在水中的前后甩动产生波浪，试图将小象海豹冲下岩石。如果这一招失败，雌鲸鱼会游到和岩石平行的位置，来到小象海豹躺的地方，然后背过身去，试图用背部的鳍将小象海豹扫落下来。

这样的机会是如此的有限，虎鲸却知道如何找到这些资源，这是多么的不可思议。这种捕猎需要天时地利人和的条件——平静的大海，早上的涨潮，而且很重要的是要有小象海豹的出现。虎鲸一年中大概只有五个早上是可以这样捕猎的。但是它们学会了第二年还回到这里，学会了充分利用这转瞬即逝的机会。哺乳动物作为捕猎者能够成功的原因，不仅要靠它们充分利用短暂的捕猎机会，还需要它们回到最初的捕猎点，而且记住第一次取得成功的时间、地点和方法。

倾斜浮冰以捕食海豹的技巧

虎鲸分布在全球各地，再没有任何一种哺乳动物在海洋中能分布得如此广泛了。它们也是最聪明、最富有经验的捕食者之一，在选择捕食地点和采用的捕食方法上不拘一格。

冬天的南极不适合动物栖息。在南极半岛，炫目的白色冰川从冰雪覆盖的山顶一直垂直延伸到冰冻的海水中。即使是在九月，海里的冰也占据着这里的海湾和入口处。但是当春天来临，太阳的威力就显现出来了。冰块开始破裂成更小的冰块，然后冰山消融，冰块漂浮在海上。渐渐地，南极半岛开始显露出来，企鹅、鲸鱼、海豹开始返回到平静的海湾中寻找食物和居住地。在这个极具魅力和寒冷的地方，虎鲸是头号捕食者。这里有三种虎鲸：一类主要以鲸鱼尤其是小须鲸为食；另一类主要捕食鱼类；第三类更偏爱海豹。最后一类鲸鱼有着灰色而不是黑色的外表，身上有被铜绿色硅藻（一种浮游生物）染成的微黄色的白色斑块。这些虎鲸身上也有一个不同寻常的大大的眼罩，与身体平行，与它们的身体一起移动。

南极半岛的海豹种类丰富，从海狗、威德尔海豹到豹形海豹，当然所有海豹中数量最多的是食蟹海豹。所有的海豹都在冰块上休息，冰块破裂时，它们或者单独，或者成群的在浮冰上打盹儿。当然这个打盹儿是间歇性的，因为它们知道周围并不是十分安全的。这里从春天进入到夏天的时候，浮冰开始变得更小，更薄，也更脆弱了，海豹的危险也越来越多。

粗重似爆炸式的呼吸和大大的黑色的鳍划破水面，似乎警告着其他动物这是虎鲸在无冰区的通道巡游。虎鲸时常浮窥，寻找着休息中的海豹。当一只在一块很小的浮冰上休息的海豹被虎鲸盯上时，它们就会使浮冰倾斜。

如果冰块太大而不能倾斜，比如说直径只有

右图：巡游中的虎鲸准备再次悄悄进入海湾。如此难得的机会一年只有一次。这些捕食者不仅必须记得捕食的地点和时间，而且要学会并完善捕杀的技巧。

20 米的冰块，虎鲸会采用一系列的战略战术来使浮冰变小。两只或多只虎鲸会在离浮冰稍远的地方快速游动着，在冰块边缘的前方潜进水中，这样溅起海浪，能够冲刷浮冰，这种技巧可能会将海豹冲进海中，也可能不会，但确实可以将冰块变小，使海豹更多地暴

上图：正在休息的食蟹海豹，它们是南极洲虎鲸群最喜欢的猎物。

下图：巡游中的海豹杀手。它们的皮肤和其他的虎鲸相比，更显黑灰色，身上的白斑块被硅藻（浮游生物）染成了黄色，这些硅藻就生长在它们捕猎的海中。

露在外，或是使海豹更方便移动。鲸鱼会将小块的海冰弄得脱离刚才的事发地，然后它们通过吹泡泡和下潜的方式来制造更多的混乱。如果碎冰仍然包围着这只被围困的海豹，那么虎鲸可能会用它们的嘴将浮冰推到没有冰块的水域。

这时的海豹精神高度紧张——可能会气喘吁吁和下巴打战，但是它无处可逃。跳到水中等于变相自杀，所以它只有紧紧地抓住冰块。

根据浮冰和海洋的不同情况，不同族群虎鲸的捕食最终策略是不同的，但是当浮冰直径达到5米时，正好可以倾斜起来，一些虎鲸会向浮冰冲去，在离它们身体近的那一侧游动。当虎鲸到达浮冰边缘时，它们会潜进水中，在另一侧突然浮出来，然后在水面上等待。（人们认为虎鲸在离身体近的那一侧游动就可以接近浮冰，然后从浮冰下游过，这样就不会伤害到它们背部的鳍。）

海豹逃生的机会微乎其微。首先当虎鲸靠近浮冰时，浮冰会向虎鲸发起的冲击波的波谷方向倾斜，然后当波浪将浮冰冲起来时，浮冰又会向另一面倾斜。这些具有破坏力的波峰直接将海豹从浮冰上冲向等待

着的虎鲸那里。

海豹的死很少是干净利索的。大多数情况下，虎鲸会抓住海豹，将海豹咬在嘴里，并在海中游一会儿，然后再将海豹从嘴里放出来，如此反反复复几次，直到最后某只虎鲸将海豹杀死。有时虎鲸甚至会将海豹放回到浮冰上，然后再将海豹从冰上冲下来。可能有一部分原因是为了更好地训练完美的捕食技巧，还有一部分原因是为了教虎鲸群中的小虎鲸如何捕食猎物。

有时候，海豹也会逃回到浮冰上成功逃离，虽然它可能熬不过在虎鲸捕猎时对它造成的伤害。海豹会使用冰块作为保护屏障。曾经有过这样一件事，一群虎鲸无法捉到一只一直不停地围绕冰块流动的海豹。经过40分钟不间断的剧烈跳跃，虎鲸很接近海豹了，但就是无法触碰到海豹，最后虎鲸放弃了，这只筋疲力尽的海豹缩回到冰块后面成功躲过了捕杀。

如此需要协调一致的捕食方法在动物中是很罕见

上图：两只虎鲸正在浮窥，以判断捕捉海豹的难易，以及如何将海豹拖入水中。

的。在海豚科家族中，虎鲸是体形最大的，它们向我们展示了最复杂的捕食技巧，不同地区的虎鲸的捕食技巧是不同的，似乎它们的策略一直存在——从一代传到下一代。虎鲸所展示的所谓的"捕食行为的文化传递"进一步说明了这些动物的聪明头脑。

非洲高原狼

我们倾向于认为非洲覆盖着起伏的草地、浓密的丛林和巨大的沙漠。但是在非洲也有一部分神奇的土地是不同的。这里的高地就是埃塞俄比亚野生动物占主导地位，生活在这片壮观的高海拔圆丘上的出人意料的食肉动物中，没有比埃塞俄比亚狼更让人惊叹的了。

在西方科学界最初发现埃塞俄比亚狼（那时曾错误地命名过一段时间）时，这一物种就很稀有。今天，它们总共不超过 500 只，可能是世界上最稀少的犬科动物。不同种类群互相隔离，其中一种被困在一座独立的山顶上，由于人类的入侵和家狗带来的各种疾病，它们正处于不断增多的危机中。

大约十万年前的大冰川时代，和灰狼有着共同的祖先的埃塞俄比亚狼来到非洲。当冰雪退化时，这些狼就留在了这里高高的山上。它们保留了祖先遗留下来的狼群结构，最优等的公狼和母狼是唯一可以繁衍的狼，而狼群中的其他成员则帮助抚养小狼。还有一种曲解——并不是所有的小狼崽都是这个狼群的优等公狼的孩子，因为我们都知道优等母狼还会和狼群以外的其他公狼交配。

狼群居生活是有很多好处的。不仅可以在抚养小狼上互相帮助，还可以使巡视和保护较大的领地变得更容易，它们的领地可能会达到 13 平方千米。巡视领地通常是它们每天的第一件工作。非洲狼每天晚上蜷缩在蜡菊灌木丛中，在非洲高山早上的霜冻中醒来时，它们的尾巴都绕在鼻子周围取暖。当它们起身伸展身体的时候，它们向彼此问好，很快就欢快地翻滚在一起，仿佛在确认着它们之间的亲密关系。然后，它们就会出发去巡视它们的领地。

它们外出时的队形很松散，狼在它们的领地巡视着，看看是否有其他的闯入者。如果它们发现有其他狼群，它们通常通过嗥叫、咆哮而不是身体争斗来解决争端。巡视完领地后，狼就会各自去寻找食物。

灰狼只有在需要的时候才会单独捕食，然而埃塞俄比亚狼却完全是单独捕食。因为这里没有体形足够大的猎物值得它们集体捕捉。但是好在猎物虽然体形

右图：狼族成员出发巡视领地前在晨光中暖身。

上图：早上准备动身巡视领地的埃塞俄比亚狼。虽然它们都是单独捕食，但狼群中的所有成员都是集体巡视领地，用嗥叫、咆哮声吓退其他狼群。

下页：狼保姆留在窝中照顾小狼崽。虽然狼群中只有优等母狼产崽，但狼群中的所有成员都会帮助照顾小狼，它们会间歇地回到窝中将它们捉住的啮齿类动物反刍给小狼吃。

小，数量却够多。高地上住着数不清的啮齿类动物——垄鼠、老鼠，有狼最经常吃的鼹鼠。在某些地区，每平方千米的啮齿动物的体重加到一起可以达到 2900 千克，对狼来说这是丰富的食物来源，不过这些鼠类也很难捕捉。

但狼却是捕捉鼠类的好手。一旦鼠类出窝之后被瞄上了，狼就会一点点向前移动，通常它们会将肚子平贴到地面上，试图缩短和老鼠之间的距离，以不被目标猎物发现或是其他鼠类发现而发出警报。每当鼠类看向别处时，狼就会像兔子跳一样向前冲一小段路，或快速向前跑，直到足够接近才猛扑捉住它们。但是这些啮齿类动物非常敏捷，这样的捕捉通常以混乱收场，因为狼试图捉住老鼠，而老鼠则到外逃窜试图找到洞口钻进地下。当运气和灵敏度足够时，狼就会捉住老鼠，并试图将老鼠一口咬住，以防老鼠转身一口咬在它们极敏感的脸上。如果老鼠成功逃到鼠洞中，那么狼就会将它挖出来。

如果窝中有小狼时，狼会在白天定时回到窝中将它们捉住的猎物反刍给小狼吃，这些老鼠会被一些刚断奶的小狼或是留在窝中保护狼崽的"狼保姆"率先抢到手。这种方法使狼能够在这严酷的环境下生存。

但现在狼除了寻找食物和哺育后代之外，还面临着更大的挑战。就像是世界上的很多其他地方一样，这里的陆地面临着人口不断膨胀带来的越来越大的压力。人们带来了狗，狗又带来了一些疾病。现在狼和家狗一样很容易受一些同样的疾病的影响，在埃塞俄比亚狼群中，疾病以惊人的速度蔓延着。在 2003 年，有一种狼群百分之八十得了狂犬病而死，而这种狂犬病是由家狗传播的。

所以，虽然狼群在非洲高高的山顶上发现了居住地，但仍然有巨大的挑战威胁着它们的生存。狼的神奇的捕食技巧和社会生存能力无法帮助它们完全战胜这些挑战，而我们所能做的就是确保我们的后代还能看到这些传说中的捕猎者继续生存在这里。

滩涂、胭脂鱼和海洋哺乳动物

佛罗里达群岛是一个神秘的地方，这里有着红树林和一些小岛屿。红树林和小岛之间的巨大区域是滩涂，滩涂覆盖着一层浅浅的水。俯瞰这个地方，可以看到开阔的滩涂中一些有趣的记号，就像麦田圈，风吹来或潮水来后会渐渐消退。这些滩涂圈是一些很神奇的捕食策略留下的痕迹，而这些捕食技巧需要一些特别的感官、团队合作和掌控环境的能力。

海豚一向以聪明闻名。佛罗里达宽吻海豚，或者说至少是一部分的宽吻海豚，已经形成了一套特别的方法来捕捉猎物。这个种群要捕食，有很多问题需要解决。首先是由于最丰富的捕食区在浅滩区，所以海豚需要游很长一段路程才能到达，通常它们会一点点

地向远处微深一点的地方游动。

　　一旦它们到了滩涂，它们就面临着下一个问题——如何找到它们的猎物。这里的滩涂中生活着大群的胭脂鱼。就像所有的海豚一样，宽吻海豚使用声波来定位猎物——发出一系列的咔嗒声，然后收听回音。当鱼群被锁定时，其中一只海豚就会在水中全速向鱼群游去。

　　当海豚靠近鱼群时，领头的海豚会绕着胭脂鱼群游一个完美的圆圈，它们停下来的位置差不多就是

下图：宽吻海豚将胭脂鱼群赶到海岸边，然后捉住跳起来的胭脂鱼。佛罗里达海域的不同海豚种群运用不同的合作方法来捕鱼。

开始游动时的位置。当它们围绕鱼群游时，它们会有力地向下拍打它们的尾巴。这个剧烈的动作会将泥巴从海底拍打起来，立刻形成一堵泥巴墙将胭脂鱼包围起来。

　　当这只海豚游完一圈时，它的伙伴就会加入进来，它们一个挨一个地在泥巴圈的外围排成一排。这时泥巴圈的形状就会被破坏，自己坍塌下来。被困在里面的胭脂鱼十分惊慌，似乎感觉到危险正从四面八方向它们靠近。为了躲开这个危险，它们从水里跳跃起来，试图跳出这个包围圈。

　　但是这正是海豚所期待的反应。现在，海豚的头部从水中抬起，当胭脂鱼像火箭一样从水里蹿出来的时候，海豚就从空中迅速地捉住它们。

　　就像板球运动员连续移动捉球一样，海豚有力地跳起来捉住半空的胭脂鱼，有时候会向后拱起身捉住一些跳得特别高的鱼，有时候海豚跳起来只是向一个方向完全伸展肢体，这时另一只海豚就会在胭脂鱼重新安全回到水中前接替上一只海豚将鱼捉住。在几秒钟内，这些泥巴圈就完全坍塌了，而那些没有被捉住的胭脂鱼则快速游走逃命去了。

　　海豚游走后，在滩涂中搜寻着更多的鱼群。很快一个泥巴圈又再次形成了。这些聪明的、适应力极强、群居的哺乳动物就会上演又一场团队合作的完美演出。

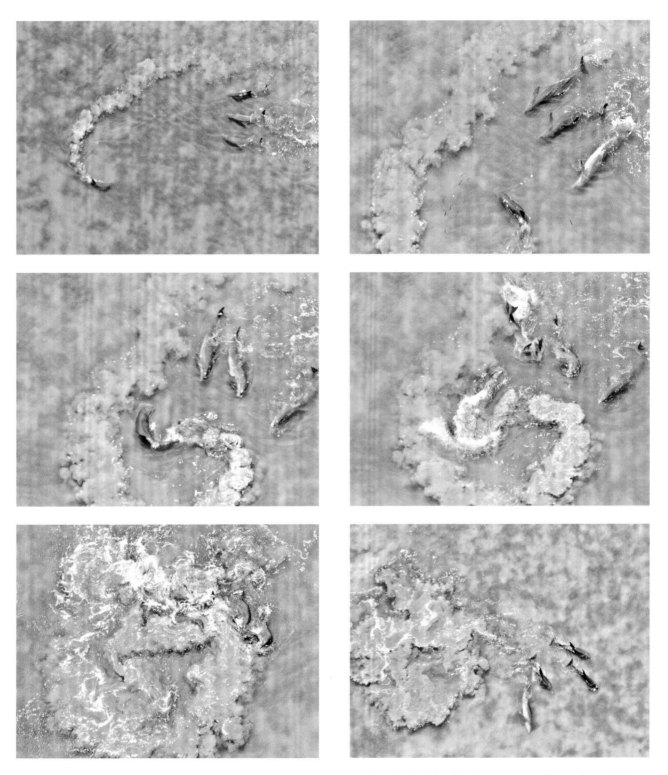

上图：佛罗里达群岛的一群宽吻海豚正练习着筑泥巴圈的技巧，这种方法非常适合捕捉滩涂中的胭脂鱼。一只海豚将鱼围成圈，扇动尾巴建成一堵泥巴墙。胭脂鱼看到泥墙会陷入恐慌，它们从水面跃起，跳进这些强健的跳跃力很好的海豚嘴里。

第九章

聪明的灵长类动物

我们人类可能和马达加斯加的侏儒鼠狐猴或泰国会耍杂技的白掌长臂猿没有太多共同点，但是，我们都属于灵长类这一物种。追溯到恐龙时代，我们有着共同的祖先。今天，我们是大约 635 个种类及亚种的哺乳动物中的一种，和它们一样，我们共同属于这个极其成功的队伍。

没有任何定义性的特征能将灵长类动物和其他动物区分开来，它们居住在树上的生活方式严重影响了它们展现更多独特特征。向前突出，能够呈现立体视线的眼睛可以让我们更深刻、更敏锐地感知世界，并形成三维视像——这对于我们生活在树上的祖先来说是非常关键的。手上和脚上都有五个指头，而且有着能够触碰到所有其他手指的对生拇指，这大大增加了我们四处活动、握住物体和使用工具的灵活性。虽然人类的大脚趾相互承担了直立行走的压力，但是黑猩猩仍然是用四肢行走，并可以用脚操控物体。所有的灵长类动物都有指甲，而不是爪子，这样一方面可以保护它们的手指和脚趾，另一方面可以增加碰触物体时的敏感性。可能最重要的就是灵长类动物进化出比它们同体形

左图：世界上最小的灵长类动物——侏儒鼠狐猴，它们是一种夜间活动的动物，在树上生活，但却和人类有着很多共同点，这些共同点包括大大的大脑、能够呈现立体视线的向前突出的眼睛和对生拇指。

下页：小黑冠猕猴正在展示灵长类动物的一个典型特征——好奇心。所有灵长类动物的少年期都很长，这样它们就有足够的时间吸取经验教训。

前页：狒狒正在吃草和进行社交。大多数灵长类动物都栖息在热带和仅限于埃塞俄比亚高原上的亚热带森林地区。

的哺乳动物更大的大脑，尤其是占据了大脑容量百分之五十到八十，负责意识和推理的大脑新皮质区。这个进化有很多复杂的原因，包括生态原因和社会原因，但是大多数灵长类动物大脑的进化都发生在它们断奶和成年之间进行延伸社交的阶段，在这期间它们需要吸取很多经验教训。

灵长类动物分为两个亚目，一类是包括懒猴、狐猴、夜猴、大狐猴和指猴在内的原始猴亚目，另一类是包括眼镜猴、猴子和猿在内的猿猴类亚目。今天的灵长类动物有着一系列令人惊叹的由很多因素导致的不同的社会结构，这些因素包括它们赖以生存的环境、食物、竞争对手以及天敌的威胁。一些猴子，例如红毛猩猩过着独居的生活，母红毛猩猩独自抚养每只小猩猩长达八年或九年，但是其他的，例如白掌长臂猿，它们组成了稳定的雌雄关系，共同照顾幼崽。西部低地大猩猩群居在由雄性银背大猩猩统领的庞大的猩猩群内，日本猕猴则更进一步组成了有着多位雄性和多位雌性的群体，群体内有着复杂的社会关系以及严格的等级制度。撇开人类不谈，有着最多层面社会系统的猴子当属阿拉伯狒狒。由一只雄狒狒领导的阿拉伯狒狒群成员数量很少，包括小母狒狒、小狒狒以及一个或多个雄性追随者，它们会和其他的只有一只雄狒狒的小群体组成寻找食物和睡觉的大狒狒群，群内的狒狒数量可以达到好几百只。

人们所发现的非人类的灵长类动物范围北至日本本州，南至南非开普敦，但是大多数的灵长类动物都生活在热带或者亚热带的森林中，全年都有食物供给。灵长类动物的全部饮食包括昆虫、青蛙、螃蟹和其他哺乳动物，但是对大多数灵长类动物来说，它们更喜欢树叶、植物的根、树种以及果实（在

下图：破晓时分，吼猴在树顶上叫喊，它们能够缠绕东西的尾巴功能就像额外的胳膊。这是为了告诉其他吼猴它们的行踪，发出警告让它们远离。吼猴的集体吼叫声是灵长类动物发出的最大叫声，这个叫声能够传播到一千米远的地方。

彩色视觉的帮助下采集）。在进食的过程中，灵长类动物通过进食，达到传播树种、给土壤增肥、减少和控制害虫的目的，在维持森林的健康和多样性方面发挥着至关重要的作用。

所有的灵长类动物都有着长长的童年期，在这一时期，它们依赖妈妈取暖，获得安全感，可以放心地四处走动以及受到教育，但同时它们也学会了什么时候以及如何寻找食物，谁能够信赖，谁不能信赖，怎样通过气味、声音、接触和视力达到最好的交流，还要学会警惕和防范。就像人类一样，这种程度的呵护和灌输有时会耗费它们半生的时间，正是这个原因才真正将灵长类动物和其他动物区别开来。

就像人类一样，很多灵长类动物同样有着从母辈那里继承而来的独特的当地文化。其中最吸引人的就是工具的使用。在巴西塞拉多热带草原，黑帽悬猴会定期用大石块砸开棕榈坚果。在苏门答腊岛，红毛狒狒会使用树枝寻找和提取蜂蜜、昆虫。在几内亚的波叟地区，黑猩猩会用油棕叶茎作为杵将植物中的果汁精华捣出来。

虽然我们对其他的灵长类动物的知识和敬意不断增多，但是它们的数量却在下降。无论它们的社会如何发达，无论它们的生活方式多有适应性，它们都无法和我们竞争。砍伐森林做木材，将森林用作农田或居所，再加上捕猎和各种疾病，导致包括和我们关系最近的将近一半的灵长类动物都被列为濒危动物，有可能濒临灭亡。

月光下的捕猎者

眼镜猴每只眼球的大小和它们大脑的大小差不多，眼球因为太大了以至于很难在眼眶内转动，但是它们借助非常灵活的脖子，可以使眼睛随着头部360

上图：一只通过飞跃和抓握来捕食猎物的印尼眼镜猴。

后页：寻找食物的眼镜猴。巨大的可移动的耳朵可以帮助夜间捕食的眼镜猴准确定位猎物的位置。和很多其他夜间活动的哺乳动物不同的是，印尼眼镜猴没有反光膜，却有着辨色的能力，这一特点使它们与指猴、狐猴的关系更近一些。

度旋转。它们脚上有着长长的跗骨（也由此得名跗猴），这使得踝部有两处关节。作为一种非常神奇的灵长类动物，眼镜猴也是科学界争议的主题。

眼镜猴和一些比较原始的灵长类动物——包括懒猴、狐猴、夜猴、大狐猴和指猴等大多数夜间活动的原始猴亚目有着很多共同点，但是眼镜猴缺乏其所具备的基本特征——反光膜（眼睛后部的光反射层）以及用来闻气味的湿鼻子，这两种特性是用来适应夜间生活的。

虽然眼镜猴缺乏原始猴亚目的典型的夜间活动特征，但是它们却有着夜间活动的生活方式。它们生活在文莱、印度尼西亚、马来西亚和菲律宾等东南亚国家岛屿上的森林中，头部和身体的长度加起来仅有10~15厘米，是世界上最小的灵长类动物。但是它们的后腿差不多是头部和身体的两倍长。真正将它们与其他灵长类动物区分开的原因是贪婪食肉的特性，它们什么植物也不吃，完全依靠敏锐的捕食技巧生存。

在印度尼西亚苏拉威西岛的当果果自然保护区，每两到十只印尼眼镜猴住在一起，大多数是一只公猴，一只母猴和它们的小猴子。白天它们更愿意高高地悬挂在无花果树的树根上，在夜幕降临时才会出来捕食。和其他所有的眼镜猴一样，它们也能垂直跳跃和抓住东西，在那长长的肌肉发达的后腿的支持下，它们能够以惊人的技术和灵活性在树枝或树干之间飞跃几米远。它们的脚是第一个接触到着落点的部位，紧接着是有着长长手指的手部。它们也可以用四肢攀爬、跳跃和行走。在夜晚要准确地抓住树上的猎物，可能需要依靠最敏锐的视觉，眼镜猴没有反光膜，只能依靠它们巨大的眼睛和扩大的瞳孔来收集从月亮和星星反射过来的每束光。遇到满月时，它们会变得极为活跃。

印尼眼镜猴醒着时有一大半的时间都在寻找食物。为了寻找食物，它们要在活动范围内行走相对它们的体形来说很远的距离，在当果果自然保护区，这个距离达到了 4.1 公顷。它们利用重唱和在树上留下气味做标记来保护它们的领土。小眼镜猴跟着妈妈一起四处走动。当小猴很小的时候，猴妈妈会在它们寻找食物时抓住小猴；小猴稍大的时候，它们就会抓着妈妈的皮毛，长到大约 45 天的时候，小猴就可以独自进食了。待在远离地面一两米的地方可以使它们更安全，但是有时候，尤其是在干旱季节食物很难寻找时，印尼眼镜猴就必须来到地面上。因为体形很小，它们很容易就成为包括巨蜥、蛇和马来西亚麝猫在内

下图：无花果树上，一小群眼镜猴从它们白天睡觉的地方跑出来。

的潜在天敌的捕食对象，所以它们要时刻保持警惕。发现危险时它们会发出警报声，其他的眼镜猴会加入，共同对付天敌。

眼镜猴不但通过视觉，还通过听觉来发现猎物，在它们能够旋转的头部和不断移动的敏感的耳朵的帮助下，它们所捕获的猎物包括甲壳虫、蝉、飞蛾、毛毛虫、蟋蟀、蝈蝈、蚂蚱、蟑螂等，还有蜘蛛、白蚁和蚂蚁。大多数的昆虫都是它们从树叶和树枝上抓取或猛然扑取的，但是眼镜猴的视力很好，它们也可以在半空中捕捉猎物。

眼镜猴如此原始的生活方式是很吸引人的，有可能是在大恐龙时代要结束时，眼镜猴的祖先才变成昼行性动物，就像其他大多数猴子一样，所以它们进化时失去了反光膜。眼镜猴有色觉这个事实更加证实了这一理论。没有反光膜，它们就采用了类似猫头鹰的捕食策略——长出大大的前突的眼睛、能转动的头部和敏锐的听觉。现存的眼镜猴被发现的有七种，还可能有更多的未被发现，但可以确信的是，印尼眼镜猴是同一物种中进化得极为成功的一种。

家族生活和水果因素

大猩猩作为一种濒危的灵长类动物，其发现时间并不早。1847 年，一个传教士带回了一个大猩猩的头骨，大猩猩这才被正式发现并被科学界描述。西部低地大猩猩主要分布在西部和中部非洲，它们生活在暗黑浓密的雨林中。在雨林这样的环境中碰到大猩猩，对于人类和大猩猩来说都是非常惊悚的，大猩猩和人有可能会逃开或为了防御而变得具有进攻性。20 世纪 90 年代，动物学家在沼泽的开阔地区发现了大猩猩所食用的富含钠的水生植物——bais，这时大猩猩才在野外被大量观察。这些植物富含水分，而且容易发现，

> 下图：（左）小猩猩之间的打闹。玩耍是灵长类动物成长中极其重要的一部分，在这个过程中，它们可以进行试验和学习社会技巧。（右）一只公猩猩正在捶打它的胸部，要么是为了和它的母猩猩取得联系，要么就是为了展示它的优势。尽管大猩猩的体形庞大，但是它们是毫无攻击性的，它们会使用各种社会技巧来避免激烈的对抗。

所以大猩猩仅用一或两个小时就能吃饱，然后回到森林中。所以直到今天，相对来说，我们对大猩猩的家族生活的了解还是比较少。

成年雄性大猩猩，也就是银背大猩猩所扮演的角色是整个家族中的保护者。银背大猩猩站起来并不比人高，但是体重却是人类的三倍，平均达到 180 千克。它们还有犬齿。背部的银色鞍状毛是雄性猩猩成年的标志，大约在 14 岁时长出。到那时，雄性大猩猩会有着均匀的黑色皮毛。从体重和大小来说，雌性大猩猩是雄性大猩猩的一半，头顶上有区别于雄性的淡红棕色的毛。

西部大猩猩的家族成员很稳定，典型的猩猩家族是由一只银背大猩猩、三只或四只母猩猩、四只或五只小猩猩组成。在白天，猩猩家族成员可能会分散开来。它们之间会用安静的类似呼噜的声音来保持联系。在晚上，它们会聚到一起寻找保护，它们睡在地上（如果地上潮湿，会睡在树上）。水果在大猩猩的饮食中占据了很大的比重，由于水果的季节性和成熟时期不一样，所以限制了大猩猩家族成员的数量。小的家族可以依靠一棵水果树为生，成员之间不会有很多竞争和打斗，然而如果是大的家族，情况就会不一样。如果猩猩家族所占据的区域里有很多水果树，一个大的家族也是有可能存在的，我们曾经观察到一个猩猩家族有一只银背大猩猩和九只母猩猩。可见猩猩家族的规模并不仅仅是由水果的获取量来决定的。

母猩猩会和它们所认定的非常强壮的银背大猩猩待在一起，这样的银背大猩猩能够保护它们和它们的小猩猩免受其他家族的银背大猩猩和美洲豹的侵袭。虽然今天最大的威胁更多是来自丛林猎人。

当长到成年时，母猩猩会加入一个猩猩家族，偶尔可能会和一只落单的公猩猩组合在一起。大多数年轻的公猩猩通常都靠自己的力量达到吸引异性的目的。当它们足够大、足够强壮时，它们就会吸引母猩猩。

上图：一只小猩猩待在母猩猩的背上，学习认识吃的东西。

银背大猩猩捶打胸部的声音回响在整个森林。这个声音可以用来和母猩猩保持联系，可能也表示有麻烦。附近的大猩猩家族通常都会包容彼此，但是如果是一只银背大猩猩进入到它们的家族领地，那就会爆发一场打斗。为了避免受伤，打斗是仪式化的，这场打斗以轰赶开始，然后升级，最后以捶打胸部结束。

虽然现在的认知是一只银背大猩猩很少从另一只大猩猩那里继承一个家族，但当一只银背大猩猩死后，它的母猩猩可能会被邻近的年轻的公猩猩领养，前提是这只年轻的公猩猩能够征服它们，否则它们就会解散，然后加入到其他的家族中。观察发现，母猩猩的这种轻易的迁徙和它们之间很少互相梳理毛发的行为反映了母猩猩之间虽然有着等级之分，但是它们之间的联系却是很微弱的。

> 下图：了解什么样的东西可以吃。在森林中，猩猩妈妈会花八九年的时间教育小红毛猩猩，这是非人类的哺乳动物哺育后代最长的时间。

相比较而言，小猩猩和母猩猩之间的联系却是非常强的，而且会维持很多年，至少有三年的时间，小猩猩会一直待在母猩猩身边，得到母猩猩的哺育。当母猩猩四处走动时，小猩猩会待在母猩猩背上，学会认识吃的东西、怎样避免麻烦以及如何和其他的大猩猩相处。这个长长的学习期限制了母猩猩一生中所产下的小猩猩的数量。但是对于小猩猩今后生存所需的技巧而言，这样的投入又是必需的。小猩猩会经常在一起玩耍，但是它们不会形成长期的关系，可能是因为它们长大后会离开这个家族，独自踏上征途。

受过教育的猿猴

每天早上，印度尼西亚苏门答腊岛的古农列尤择国家公园都会随着一阵刺耳的声音活跃起来：犀牛隆隆的叫声回响在溪谷中，一对白掌长臂猿开始了哀号似的二重唱，巨嘴鸟嗡嗡的歌声以及蝉的吱吱叫声也加入其中，使得这里的声音越来越响亮。紧接着，村顶上传来了世界上最大的树栖动物——红毛猩猩的长鸣声。

红毛猩猩被誉为"森林中的人类"，在亚洲只有在苏门答腊岛和婆罗洲岛上能发现这种大猩猩。虽然它们重达90千克，但却是爬到树顶的好手，它们有着极强的灵活性，被称为爬行的"灵长类动物"。它们大大的脚趾能够像手一样紧紧地抓住东西，髋关节能够保证完成一些关键动作。

红毛猩猩的自身重量意味着它们在移动的时候，身体会不断拉着它们坠下树枝。虽然每次至少会有两肢抓住树枝，但红毛猩猩还是偶尔会从树上坠落摔断骨头。这就提出了一个问题：为什么红毛猩猩不像大猩猩和黑猩猩一样多待在陆地上，有选择地爬果树，而是冒险爬到那么高的树顶上呢？在苏门答腊岛，这个答案显而易见，就是陆地上有老虎和云豹。加上考

虑健康问题，远离森林地面，红毛猩猩染上原生动物和蛔虫的概率就大大减小了。

比红毛猩猩的树上技巧更让人印象深刻的就是猩猩妈妈长长的哺育期。母猩猩和人类中的女性差不多在一样的年龄达到性成熟，它们的怀孕期持续八个半月。接下来母猩猩可能会花费八九年的时间独自抚养小猩猩，并教会它们在森林中生活。红毛猩猩是孕期间隔时间最长的陆地哺乳动物（包括人类），小猩猩的幼年时代也是所有非人类动物中最长的。

在苏门答腊岛的热带雨林中需要学习大量的技巧。在古农列尤择国家公园的柯坦波地区，科学家进行了长达 35 年的研究，结果表明母红毛猩猩会在方圆 4.5 千米的活动范围内教小猩猩从大约 200 种树和藤本植物中挑选水果，其中无花果是它们的最爱。为了有丰富多样的饮食，小猩猩要学会找到一些特别的树叶、花朵、树心、菌类、蜜蜂和白蚁，还要学会抓住一些它们偶然碰到的诸如懒猴的小哺乳动物。小猩猩还要学会建造它们白天和夜晚居住的巢穴。作为保护伞，巢穴可以用来阻挡太阳，以及学做在带刺乔木上进食时的防护装备。

红毛猩猩在行为上存在着文化上的差异。在古农列尤择斯瓦克低地的沼泽森林中，母猩猩占据着更大的活动范围——面积达到 8.5 平方千米，它们会使用树枝形成的勺子从树洞中取水喝，会用小树枝从缝隙中寻找昆虫和无针蜜蜂，用小棍从包裹着带有刺激性毛毛的 neesia 果中找出种子。沼泽林地和柯坦波地区的红毛猩猩有着不同的发声系统，例如它们从撅起对于小红毛猩猩的独自成长，这种代代相传的基本教育对于猩猩的成功生存来说是非常重要的。在它们的一生中，它们对生物多样性和雨林做出更重要的贡献，尤其是对种子的散播。因为它们对栖息地的依赖，它们也是衡量这片土地状况的晴雨表。但是随着非法砍伐、森林火灾、油棕榈种植的迅速扩散以及非法捕猎，苏门答腊岛上剩余的高度聪明的大猩猩已不到 6600 只。

学会保暖

狝猴是世界上分布最广的非人类灵长类动物，共有 20 多种，分布在从北非到喜马拉雅山、印度南部和亚洲东南部的广阔土地上。它们的栖息地非常多样化，有热带红树林沼泽，山地雪松林。最强壮、位于最北边的狝猴就是日本狝猴，它们可以生存在零下 20℃的环境下。

日本狝猴生活在日本最大的岛屿——本州岛的森林山地地区，昵称为雪猴。它们身材矫健，身上有厚厚的皮毛，大约 20~100 只狝猴成群生活在一起。母猴子和小猴子在数量上远远超过公猴子，它们的数量比率是 3：1，甚至更多。每个猴群都有几个母系群，它们遵守着严格的继承下来的等级制，小猴子会继承它们母亲的等级。在它们生活的部分地区，冬天的环境非常严酷，有着厚厚的积雪和严寒的温度。在这样的条件下，要保暖和找到充足的食物对身居高等级的猴子来说是至关重要的。

狝猴一年中大多数时间主要是吃水果的，但是在冬天，它们就不得不在饮食上灵活一些，会寻找质量相对差一些的食物，比如树皮、冬芽、植物根或竹草，有可能还会补充一些高蛋白的昆虫、幼虫、坚果和菌类。级别较高的猴子垄断了一些最好的食物，这样它

上图：母猩猩和小猩猩。母猩猩的孕期大约有八个半月，然后花费八九年的时间来哺育小猩猩，这是非人类的灵长类动物中时间最长的。

的嘴唇中吹出"噗噗"声——一种咂舌声来表示它们完成了巢穴的建造。

虽然所有的红毛猩猩都过着独居的生活，但是它们偶尔也会聚在一起，要么公母交配，要么一起进食。当到了无花果树和橡树结果的季节时，很多树也会同时结果，这时就会看到红毛猩猩聚到一起形成的最大的猩猩群。红毛猩猩在果树结果时聚到一起是很具有社会性的，这时不仅可以看到一些近亲在一起进食，还能观察到小猩猩之间玩闹的情景。

们就有更多的机会获得足够的热量和蛋白质。在食物充足的时候储存脂肪对熬过食物贫乏期是相当重要的。一层厚厚的脂肪加上厚厚的皮毛，也可以隔绝外界的寒冷；猴子们还可以蜷缩在一起，将它们的尾巴卷到一起，这样可以取暖，防止冻伤。

北部长野县的山区一个名叫地狱谷的地方，那里的猕猴用另外的方法保暖。日本坐落在太平洋火山带上，山区的主要地带上布满了高度活跃的火山。

因为这里有很多的温泉才得名地狱谷，长久以来这里是猕猴和人类钟爱的一个地方。1964年，在这里建立了一个猴子公园，紧接着建造了一个专门给猕猴使用的游泳池，以防止它们进入附近的热泳池和人类洗澡的浴场。随着时间的推移，这里成为备受人们好评的休闲和娱乐的胜地，因此一些位高权重的猴子

右图：一只地位很高的日本母猕猴在温泉池中给它的小猴子喂奶。地位较低的猕猴可能不被允许进入池中。

下图：地位高的小猴子在温水池中玩耍。小猴子从它们的妈妈那里继承了地位，在寒冷的环境中，这使它们拥有很大的优势。

独占这里。

猕猴的体温大约为38℃，似乎格外喜欢水温41℃左右的水池。在这些温度舒适的水中，一些地位较高的小猴子在里面游泳、玩耍或者由它们的母亲喂食，成年猴子和小猴子会在给彼此梳理毛发和驱除虱子上花费很多时间。

当猕猴从温泉中出来时，并不会像人类一样身体很快就冷下来，因为它们汗腺很少，还具有绝佳的隔绝层。除了所选择的冬季避寒地和人类一样外，日本猕猴甚至会很好地区别生存和死亡。

狒狒群和公狒狒的"后宫"

非人类灵长类动物中一种最复杂的多级的社会系统存在于阿拉伯狒狒群中。阿拉伯狒狒是非洲狒狒中位于最北部的一种，主要分布在非洲之角的半沙漠地区，也门的阿拉伯半岛的一隅以及西南部的沙特阿拉伯。不同于其他五种狒狒的社会阶层，这种狒狒的社会阶层可能是由于严酷的环境以及保护捕食区的需要而形成的，但是为了躲避它们的天敌，它们又不得不大规模地集中在一起，尤其是在身处睡觉区域时。

阿拉伯狒狒的基本组成就是狒狒头领和它的"后宫妃嫔"以及它们的小狒狒，还有可能有一只或更多只公狒狒"追随者"。两只或多于两只公狒狒的部落会在白天形成一个小群组，这个小群组里还包括一些落单的成年和一些幼年的公狒狒。如果它们之间有联系，通常都是有侵略性的。到了晚上有个体数达到400多的一些狒狒群组组成数量近千的狒狒群落，集中在峭壁和岩石的睡觉区。

在埃塞俄比亚阿瓦什国家公园北部的温泉区的飞罗哈附近，科学家对阿拉伯狒狒进行了一些广泛的研究。在这里，狒狒小群组的活动范围在至少方圆30

上图：一只母狒狒试图从一只正玩耍小狒狒的公狒狒手里要回它的孩子。这只母狒狒可能需要号召它的头领帮它把小狒狒要回来。母狒狒天生喜欢和能够保护它们免受其他公狒狒和天敌骚扰的强壮的首领在一起。

上页：小猕猴玩耍过后在休息。在冬天，它们的游戏包括扔雪球和滚雪球。

千米的半干旱刺槐矮树丛中。当它们离开睡觉的峭壁区时，这些狒狒小群组会组成一个狒狒群落开始迁移，在选定它们心仪的捕食路线前，迁移距离有时候会超过一千米。埃及姜果棕果实的外层、刺槐叶子、花朵、种子以及草种子、叶片和花朵都是它们主食的一部分，但是当机会来临时，它们也会追捕一些阿比西尼亚野兔或捕捉蝗虫群。

当狒狒群迁移时，公狒狒头领侵略性十足地统领着它的"后宫"，将走远了的母狒狒领回部落，或者与外界的竞争对手周旋。公狒狒会用眼神警告，但是也会很激烈地撕咬，通常咬在它们的脖子或头上。母狒狒会定期给它们的头领梳理毛发，狒狒们甚至还有可能为梳理毛发而打起来，尤其是在群体很混乱或处于危险中时。那些处在孕期（发情期）的母狒狒和公狒狒待在一起的时间比较多。而那些有不到两个月的小狒狒的母狒狒也会和公狒狒待在一起，

上图：首领正给它的一个妻子梳理毛发，这样它们之间的关系会变得更亲密。

以寻求保护。它们之间的这些联系可能会持续数年，直到公狒狒从它们的小群组中选择它看重的比较年轻的追随者，然后将位置传给这位追随者。这种传位基本上是自愿的，头领会将位置传给和它相处不错的狒狒，或是它的亲戚。

基本上公狒狒当头领时很尊重其他只有一只公狒狒的小群组，会用仪式化的脸部姿势进行交流。但是时不时的激烈的权力交接也会出现，被篡位的头领狒狒可能会严重受伤，甚至有时候会导致它们的小狒狒死亡。失去小狒狒的母狒狒会在两周内接受新头领，并与其性交。不是头领的公狒狒会从母狒狒手中夺取小狒狒，会和这些小狒狒玩耍。而以这种方式失去小

狒狒的母狒狒基本上很难再找回它们的小狒狒，除非是在公狒狒头领的帮助下。在这种情况下，当它们受到竞争对手的狒狒或者它们的天敌的威胁时，公狒狒头领就是狒狒群强有力的保护者，这也是最终和母狒狒生殖成功的一个非常关键的因素。

事实上，公狒狒能够给母狒狒和小狒狒提供保护以对抗狒狒的天敌和在这种严酷的沙漠环境中同它们争夺食物的其他狒狒，而母狒狒附属于这样的公狒狒头领是它们的生殖本能。

专破坚果的红脸猴子

在秘鲁东北部的雅瓦里河流域，猴子的种类很多。从迷你的侏儒狨猴，到身材瘦长的黑蜘蛛猴，有记载

的就有 13 种。长相最为奇怪的是一种叫作秘鲁赤秃猴的猴子，它属于亚马孙流域发现的四种秃猴属中的一种。

　　赤秃猴生活在棕榈树密布的沼泽地和洪水季节性泛滥的瓦尔泽森林，都是亚马孙雨林最为潮湿、最不易到达的地方。通常会有多达 200 只猴子组成一个复杂的社会群体，其中小的觅食群组总是分分合合，叽叽喳喳的 hic-hic-hic 声就是他们的沟通方式，听起来很像笑声。赤秃猴群的核心包括：雌性赤秃猴，一只雄性赤秃猴及他带领的幼猴，还有成群跟随着的幼猴和接近成年尚未交配的猴子。领头猴总是想拉帮结派，为了耍威风，它会在高处摇晃树枝，或者用脚倒挂树枝，这样毛发便竖起来，身体就显得大了一号。正因为如此，领头猴和小雄猴之间冲突不断。

上图：一只雄性赤秃猴头领凶神恶煞地挥舞着双臂，毛发直竖，更显体形硕大，这一切让那些小猴子明白了它在猴群中的无上地位。而它红润、富于肌肉的脸庞对雌性同类来说意味着身体健康，繁殖能力强，同时它还有善于破坚果的颌骨。

　　赤秃猴专吃富含脂肪的种子。五月份到九月份它们钟爱赤湖果成熟肥大的黄色果肉，等这些都吃没了，它们会到森林深处，爬到树顶寻找大粒种果实。一月到四月间，瓦尔泽洪水泛滥，趁着果子没有成熟落水之前，猴子们会去搜寻各种果实种子，如 Escheweilera 树的种子。这时，问题就出现了，大部分果实都有十分坚硬的果壳来保护成熟的种子。赤秃猴的大犬牙和扩张的颞肌使得它们的下颌非常有力，即使是撬开最坚硬的果壳也不在话下，而长长的门牙则是取出种子的得力工具。

上图：树冠上，小猴子们正在打扮自己的母亲。和雄猴一样，雌猴也能用有力的颌骨和门牙来撬开坚硬的坚果并取出里面的种子。

下页：一只雄性赤秃猴正在摘取赤湖果。

其他大多数的猴子则撬不开未成熟的果实，这使得赤秃猴有了很大优势。相对于其他猴子爱群聚的成熟果实盛产区而言，赤秃猴爱吃的果实分布更分散，所以赤秃猴群每天要跑很远的路程才能找到这些高质量的种子。

森林的底部经常洪水泛滥，而且荆棘丛生，水蟒游走于周围，所以赤秃猴大部分时间更愿意待在树林的中上部。待在高处固然有好处，但是这样却使到处活动都有了难度，尤其是它们短胖的尾巴不好把握平衡。通常它们靠巧妙的飞跃、不断地来回摇晃树枝来获取弹跳的动力，有时它们在树冠间弹跳的距离能达到 6 米。

我们一般认为，保持一张灿烂红润的脸庞相当于向潜在配偶发出这样的信号：身体健康，抵抗疾病能力强。而这对于居住在疟蚊和其他血液寄生虫滋生的沼泽地带的赤秃猴来说尤为重要。

赤秃猴也会经常和其他猴子联合起来，防范捕食者，比如卷尾猴、松鼠猴、绒毛猴、角雕、豹猫和白头鼬。因为食物链的层次不同，需要的食物不同，所以它们在瓦尔泽森林中能够和平共存。

破坚果

成长总是很艰难，这对于生活在巴西中部雨林的

长须卷尾猴来说尤其如此。想要得到稳定的食物源，它们需要完成一系列复杂的任务。

博阿维斯塔谷中，那些有点教堂风格的砂岩峭壁下，林地里遍布着桌子大小且顶部相对光滑的石块。石块虽说不上平坦，但却只是有些微小的、浅浅的小坑，像极了微微握起呈杯状的双手。这些砂岩正好像石砧一样，上面有打磨光滑的石质完全不同的石块。这些石砧上的石块是被长须卷尾猴拿来做锤子用的。

这些峭壁位于被青葱树林覆盖的青青山谷中，正好为卷尾猴提供了夜里栖身的安全之所。虽然这里也有食物，但是距离最丰富的食源还有很远，那里有大量的棕榈坚果。棕榈坚果仁营养丰富，但是要把它取出来却需要很多的规划、协作和努力。

首先，要摘取棕榈果。棕榈果虽易生长却熟得缓慢，不过成年长须卷尾猴有办法应付，它们用手指轻叩来判断果子是否熟透，然后把熟透的果子从树上拧下来。之后它们攀到树顶上——那里对猴子来说更安全，它

们会用牙齿把纤维状的外壳剔掉。然后，令人惊奇的是，它们把坚果丢弃了。很有可能卷尾猴认为那些坚果还不够成熟，需要在阳光下暴晒数日才能食用。

地上散落的坚果是它们之前从棕榈树上打落的，长须卷尾猴一路顺着捡这些坚果，拿起两个敲打，或者放到地上敲敲来判断坚果是否成熟。遇到成熟的坚果，卷尾猴就把它夹在一只胳膊下，这样开始了返回峭壁下的石砧的漫漫长路，我们似乎可以这样认为，剥皮、丢新鲜坚果的同时可以收获之前的坚果，这条生产线就这样形成了，可以确保来回的路程都不会空手而归。

接下来在石砧上要做的就是把坚果撬开。至今我们对石锤是知之甚少，只知道它们不是源自于相对柔软的石砧砂岩。这些石锤很有可能是砾岩层上脱落的石块，顺着峡谷的沟壑被冲刷，然后被卷尾猴捡起为

下图：检查坚果是否成熟，并收集坚果带到石砧所在地。

上图：撬坚果学习。石砧旁一只未成熟的卷尾猴正在向经验丰富的成年猴学习要撬开坚果怎样做最好。

其所用。有些石锤是利用变质的砂岩制造的，质地最硬的要数硅岩石锤了。这些石锤通常体积大，重量大致相当于成年长须卷尾猴体重的 1/3 到 1/2 之间。卷尾猴要把坚果放进石砧上的小坑里。如果位置不当，坚果就会蹦进灌木丛里。位置得当的话就能得到果仁。但是即使是经验丰富的成年猴也很难一次就撬开如此硬的坚果。通常敲一下检查一下，然后翻过来再放进去，再敲，如此反复。这期间卷尾猴紧紧握住锤子，同时不断灵活地变换坚果的位置。每次敲打的力度变化幅度很大，这也跟猴子的体形和力量不同有关。有时候只需要用肩膀和胳膊把锤子举起就足够了。有些坚果则需要付出更多的努力：卷尾猴站得笔直，把锤子高高举过头顶，然后砸下来。考虑到石锤的重量，这个动作绝对需要相当大的力气。

坚果被敲碎的声音可以传播得相当远，食肉动物必定很留意这种声音。因此，铁砧石经常位于树底下就不足为奇了。这样的话，一旦遇到危险——通常卷尾猴一直保持警戒状态——就有一条易逃生的路线。

无疑，年轻的卷尾猴有太多东西需要学习。它们紧跟着成年猴，观察它们的每一个动作：从选择坚果，去坚果壳，到选择自然成熟的坚果以及最后怎样用锤子。之后这些猴子花数月甚至更长的时间亲身练习。它们的尝试经常很搞笑，小猴子常常一下敲一堆坚果，像极了小孩子敲一堆积木。或者它们很小心地把坚果放在石砧上，然后徒劳地用另一只坚果来敲打。尽管如此，渐渐地它们会向成年猴学习（成年猴会给它们半撬开的坚果去练习），不断改进技术，然后开始正确运用工具。

这种非凡的使用工具的技术一定是千百年来代

代传下来的。如同所有灵长类动物使用工具一样，卷尾猴给我们提供了从另一个角度了解人类自身进化的方法。

黑猩猩群落的文化、手艺和装备

除人类之外，使用工具最娴熟的动物要数黑猩猩了。每个群落都有自己的工具使用文化，并通过制造不同的工具完成不同的任务。在几内亚东南部的波叟村，迄今已有关于黑猩猩的 24 种工具使用方法记录，其应用范围从敲打、探测到提取、铺开。而用杵捣和捞海藻这两种行为只在这里的黑猩猩群中有记载。

当地的玛衣很敬重波叟的黑猩猩，认为它们是其

> 下图和下页：一只波叟黑猩猩正在操练锤子和石砧，用它们来敲开油棕榈坚果。要撬开这种坚果需要很好的手艺和眼手协作能力。

祖先的化身，住在神圣的蒙干森林里，俯瞰着整个村庄。目前的黑猩猩群体里有 13 只成员，大多在次生林 6 平方千米的范围内搜寻食物，边缘混杂着耕种、废弃田、河流和灌木丛林。黑猩猩食用 200 多种植物——大约是现有品种的百分之三十——加上果实作为主食，不过它们也吃树叶、树心、种子、花朵、树根和树皮。它们也用虫子、鸟蛋、蜂蜜作为补充，偶尔还有肉食。当这些自然食物稀少时，它们会跑到果园和田野偷橘子、芒果、木薯、玉米、木瓜和香蕉，还会靠油棕榈为生。通常，它们都是一起分享食物，这种做法在其他黑猩猩群落中是很少见的。

食物来源如此之多，多种工具就应运而生了，尤其是在野果匮乏的时候工具更显得尤为重要。从 20 世纪 70 年代中期对波叟地区的黑猩猩群开始进行研究到现在，人们发现最精细也最为人熟知的就是它们利用石锤和石砧敲开油棕榈坚果的过程。油棕榈坚果仁富含能量、蛋白质、钙、磷、脂肪酸和维生素 A，

而坚硬的外壳又使它们很难吃到这种食物，需要很好的技术以及眼手协作能力。这个过程涉及三个可移动物体——坚果、锤子和石砧，它们都需要小心翼翼地摆放，有时候石砧板下面还要放块石头来保持稳定。技术熟练的成年黑猩猩一分钟能敲开 3~4 个坚果。5~11 岁的黑猩猩则需要花大量的时间来练习。并不是所有年龄段的黑猩猩都这样，大概是因为有学习的关键期——在 7 岁前如果不开始学习撬坚果，小黑猩猩可能就不会获得这一技能了。

波叟地区的黑猩猩赖以生存的不仅仅有油棕榈坚果，它们还食用其茎秆、花朵和棕榈心。获取树心需要使用工具——似乎也别无他法。黑猩猩先是爬上油棕榈树冠，拨开树叶，用力拔出树冠中心的叶子以到达其生长点。然后把其中一个叶干弄成杵的形状使劲敲打树冠，然后凿出柔软多汁、富含维生素 B 的棕榈树心。这种情况多发生在雨季，另一种只在波叟地区才有的使用工具行为——捞海藻，也是如此。首先黑猩猩选择一根植物茎秆，然后剔除叶子把它当作钓竿使用，从水池中捞取海藻。

它们会用嫩枝来捅蚂蚁。黑猩猩用食指和中指夹着一根柔韧的茎秆或细棒，轻微地来回扫动以刺激蚂蚁出来进攻，然后把爬满蚂蚁的树枝从嘴里扯出来，或者迅速地用手捋嫩枝，然后把蚂蚁送到嘴里。细棍子也能被用来从枯朽的木头中捅出蜜蜂。它们对植物的其他利用包括把叶子折成杯状用来喝水。当地面潮湿而黑猩猩又在打盹的时候，它们会把叶子铺成舒适的垫子来睡觉。这些发明作为波叟黑猩猩文化的一部分被代代传承下来。如同人类社会一样，当新挑战呈现在眼前时，就会设计出新办法。

上图：一只 4 岁的小黑猩猩正在向妈妈学习怎样使用锤子和石砧。学习此类技巧的关键时期应该在 7 岁以前。